CATHET

医生来了·专病科普教育丛书

管道护理

必备知识100问

四川省医学科学院·四川省人民医院（电子科技大学附属医院）

张　静　张　蒙　主编

四川科学技术出版社

·成都·

图书在版编目（CIP）数据

管道护理必备知识100问 / 张静, 张蒙主编. -- 成都: 四川科学技术出版社, 2023.8

（医生来了：专病科普教育丛书）

ISBN 978-7-5727-1097-1

Ⅰ.①管… Ⅱ.①张… ②张… Ⅲ.①引流管—维修—问题解答 Ⅳ.①TH783-44

中国国家版本馆CIP数据核字(2023)第144466号

医生来了·专病科普教育丛书

管道护理必备知识100问

YISHENG LAILE·ZHUANBING KEPU JIAOYU CONGSHU

GUANDAO HULI BIBEI ZHISHI 100 WEN

张静　张蒙◎主编

出 品 人　程佳月
责任编辑　李　栎
责任校对　王天芳
封面设计　杨璐璐　郑　楠
插画设计　张　超
责任印制　欧晓春
出版发行　四川科学技术出版社
成都市锦江区三色路238号 邮政编码 610023
官方微信公众号：sckjcbs
传真：028-86361756
制　　作　成都华桐美术设计有限公司
印　　刷　四川华龙印务有限公司
成品尺寸　140 mm × 203 mm
印　　张　4
字　　数　100千
版　　次　2023年8月第1版
印　　次　2023年8月第1次印刷
定　　价　28.00元

ISBN 978-7-5727-1097-1

邮　购：成都市锦江区三色路238号新华之星A座25层　邮政编码：610023
电　话：028-86361770

“医生来了·专病科普教育丛书”

编委会委员名单

（排名不分先后）

《管道护理必备知识100问》

编委会委员名单

主　编

张　静　张　蒙

副主编

李丽莎　郭　静　唐　芳

编　委

（按姓氏笔画排序）

王月好　方　婧　甘文文　田景芝　冯昆涛

刘入瑶　杨　益　杨亚梅　吴　洪　吴红梅

吴晓琴　张　瑜　陈　娟　陈梦熙　范　萍

胡　丽　胡　铃　袁婷婷　黄　艳　黄薇熹

粟宇霜　雷　云　虞　瑰　樊先敏

“医生来了·专病科普教育丛书”/总序

假如您是初次被诊断为某种疾病的患者或患者亲属，您有没有过这些疑问和焦虑：咋就患上了这种病？要不要住院？要不要做手术？该吃什么药？吃药、手术、检查会有哪些副作用？要不要忌口？能不能运动？怎样运动？会不会传染别人？可不可以结婚生子？日常工作、生活、出行需要注意些什么？

假如您是正在医院门诊等候复诊、正在看医生、正在住院的患者，您有没有过这样的期盼：医生，知道您很忙，还有很多患者等着您看病，但我还是很期待您的讲解再详细一点、通俗一点；医生，能不能把您讲的这些注意事项一条一条写下来？或者，医生，能不能给我们一本手册、一些音频和视频，我们自己慢慢看、仔细听……在疾病和医生面前，满脑子疑问的您欲问还休。

基于以上疑问、焦虑、期盼，由四川省医学科学院·四川省人民医院（电子科技大学附属医院）（以下简称省医院）专家团队执笔、四川科学技术出版社出版的“医生来了·专病科普教育丛书”（以下简称本丛书）来啦！本丛书为全彩图文版，围绕人体各个器官、部位，各类专科疾病的成因、诊治、疗效及如何配合治疗等患者关心、担心、揪心的问题，基于各专科疾病国内外临床诊治指南和省医院专家团队丰富的临床经验，为患者集中答疑解惑、破除谣言、揭开误区，协助患者培养良好的遵医行为，提高居家照护能力和战胜疾病的信心。

本丛书部分内容已被录制成音频和视频，读者可通过扫描图书封底的二维码，链接到省医院官方网站“专科科普”“医生来了”“健康加油站”等科普栏目以及各类疾病专科微信公众号上，拓展学习疾病预防与诊治、日常健康管理、中医养生、营养与美食等科普知识。

健康是全人类的共同愿望，是个人成长、家庭幸福、国家富强、民族振兴的重要基础。近年来，省医院积极贯彻落实“健康中国”“健康四川”决策部署，通过日常开展面对患者及家属的健康宣教及义诊服务，策划推出“医生来了”电视科普节目，广泛开展互联网医院线上诊疗与健康咨询等服务，助力更广泛人群的健康管理。

我们深知，在医学科学尚无法治愈所有疾病的今天，提供精准的健康科普知识、精心的治疗决策方案，提升疾病治愈的概率和慢病患者的生活质量，是患者和国家的期盼和愿望，更是医院和医者的使命和初心。在此，我们真诚提醒每一位读者、每一位患者：您，就是自己健康的第一责任人，关注健康，首先从获取科学、精准的医学科普知识开始。

祝您健康！

“医生来了·专病科普教育丛书”编委会

2021年11月于成都

《管道护理必备知识100问》/ 前言

留置管道是疾病诊治的重要工具，被誉为患者的“生命线”之一，在医院临床上应用十分广泛。管道置入位置及后期护理涉及临床各个学科和患者的多个身体部位，其管理的重要性为国际医疗界所公认。中国医院协会近年来发布的《患者安全十大目标》，也将“提升导管安全”作为目标之一写入其中，旨在提醒我国医护人员高度重视导管安全。

本书内容涉及外科疾病诊治中常用24种管道的应用及护理要点，包括管道的适用人群、基本结构、置管位置、引流观察、管道意外滑脱等情况的观察与紧急处置，以及患者带管居家生活的护理要点等健康宣教方面的内容。

本书以临床新入职护士、护理员、患者及陪护亲属为主要受众，以“看得懂、用得上、利于活学活用”为编写目标，在表述方式上打破护理教科书式的编写体例，采用一问一答、提纲挈领式的科普讲解方式介绍相关内容，旨在帮助目标读者快速阅读理解、明确管道护理的关键步骤及知识要点，提高学习效率的同时，便于具体运用。全书图文并茂、通俗易懂，亦可作为社会养老机构相关护理人员等从业者的参考工具书。

“工欲善其事，必先利其器”，期待本书所讲您都能get（理解）到。让我们共同努力，为全民健康素养的提升，助力“健康中国”建设做出自己的贡献！

限于编者能力，本书所言不当之处，敬请读者批评指正。

本书编委会

2023年8月

CONTENTS

目 录

6 揭秘硬膜外引流管

7 胸腔闭式引流管

8 心包与纵隔引流管

12 肛门引流管

13 胃造瘘管

14 “T”形引流管

15 鼻胆管

16 经皮经肝穿刺胆道引流管

17 膀胱造瘘管

23 中心静脉导管

24 输液港

【基金资助】

四川省科技厅

项目编号：2022NSFSC0648

1 呼吸的第二通道——气管切开导管

问题1：什么是气管切开术？哪些患者需要做气管切开术？

气管切开术是指切开颈段气管置入金属或者硅胶气管套管进行通气的治疗方法，是解除喉源性呼吸困难、呼吸功能衰竭或下呼吸道分泌物潴留所致呼吸困难的常见手术。

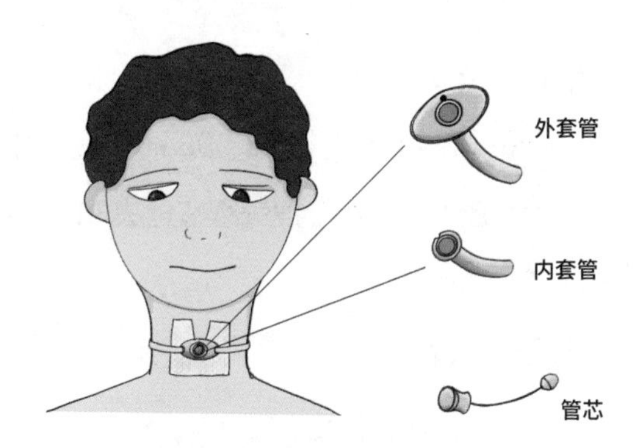

问题2：气管切开术有什么作用？

气管切开术能帮助患者维持气道通畅，保证有效通气；方便滴入药物；减轻气道阻力，便于清除气道分泌物。

问题3：气管切开后留置导管的护理要点有哪些？

（1）妥善固定导管，保持导管处于颈部正中位，固定导管的系带松紧度以容纳一指通过为宜（避免过紧或过松）。

（2）切口处纱布每日至少更换2次，若局部潮湿或被血液、痰液等浸湿，应及时更换。

（3）保持气道通畅，做好口腔护理、吸痰护理。痰多浓稠时，及时给予吸痰，帮助患者清理口内分泌物。

（4）卧床患者应尽量抬高床头30°~45°，以预防胃内容物反流入气道造成误吸而堵塞。

（5）应每6~8小时监测一次气管切开导管外气囊压力，其正常值为25~30 cmH_2O（1 cmH_2O=0.098 kPa）。具体可采用压力测定仪测定气囊压力，或用手捏气囊感觉法（以手指触似鼻尖的硬度为宜）进行估计。

（6）做好镇痛、镇静管理。

问题4：在做完气管切开术后，当发生哪些情况时患者或家属需立即寻求医护人员帮助？

（1）出血。气管切开口周围出血，一般发生于术后24小时内。

（2）感染。切口周围皮肤出现红、肿、热、痛等症状。

（3）套管阻塞。患者表现为呼吸困难、吸痰管插入受阻。

（4）意外拔管。患者自行将导管拔除或其他操作人员不慎将导管拔除。

问题5：气管切开带管患者如何有效维持呼吸道通畅？

（1）保持室内温度20~25℃、湿度60%~70%。

（2）痰液黏稠者可行雾化吸入。

（3）保持半卧位，以促进有效咳嗽、咳痰。

（4）必要时用吸引器吸出气管切开管道内的痰液。

问题6：气管切开术可能发生的并发症有哪些？

（1）可能会损伤声带、喉返神经，引起声音嘶哑，严重者会引起构音困难。

（2）气管切开术后患者由于失去正常呼吸道保护，可发生感染，如肺炎等。

问题7：气管切开术后带管出院患者健康指导要点有哪些？

（1）家庭环境要求。室内每日开窗通风，保持清洁，避免

灰尘，保持适宜的温度和湿度，尽量少去人群集中的地方。

（2）防止异物进入套管内。禁止游泳或盆浴，瘘口可用薄纱布遮盖，防止吸入灰尘等。

（3）套管护理。每日取出内套管清洗、消毒2次，并根据痰液多少增减次数。每次清洗干净后煮沸消毒半小时，冷却后及时放回。

（4）呼吸困难的处理。若发生呼吸困难，应立即拔除内套管。如症状缓解则为内套管被分泌物或干痂堵塞，应清洗内套管后重新放入，并对患者加强气道湿化及环境湿化。若仍不能缓解应立即送医院。

（5）伤口出血或痰中带血。患者剧烈咳嗽，可造成痰中带少量血丝，可继续观察；如伤口有鲜血或气管套管内涌出大量鲜血，应及时送患者去医院就诊。

（6）伤口周围溃烂。多为套管与分泌物刺激所致。应及时更换切口敷料，保持切口皮肤清洁、干燥，保持舒适感的同时避免感染。若伤口开裂、糜烂发臭，患者应及时就诊。

问题8：气管切开术后拔管指征是什么？

拔管前，需由多学科团队确认可以拔管，如通过内镜评估气道通畅程度和声带运动情况等。具体指征如下：

（1）患者意识清楚，可以自发地维护和保护气道。

（2）患者呼吸功能良好，不需要呼吸机通气支持。

（3）患者血流动力学稳定。

（4）患者无发热等感染征象。

（5）患者吞咽、咳嗽功能良好。

2 输送生命之气——氧气的氧气管

问题1：哪些患者需要吸氧？

（1）呼吸系统常见疾病，如慢性阻塞性肺疾病（COPD）、支气管哮喘、呼吸衰竭、呼吸睡眠暂停综合征等患者。

（2）手术或休克患者、长时间昏迷患者。

（3）心血管相关疾病，如冠心病、心绞痛等患者。

（4）其他原因引起的胸闷、气促者。

问题2：吸氧前的评估有哪些？

（1）患者血气分析情况。

（2）患者意识状态、自理能力、合作程度及心理反应情况。

（3）患者鼻腔有无分泌物堵塞、损伤、出血、鼻中隔偏曲、鼻息肉等。

问题3：氧气管如何与氧气吸入装置连接？

（1）将氧气管（通常为单侧或双侧鼻导管）一端的接头与氧气吸入装置湿化瓶的出气口相连。

（2）打开氧气流量调节器，根据医嘱调节适合患者病情需要的氧气流量，并确认有气体顺畅流入氧气管的另一端。

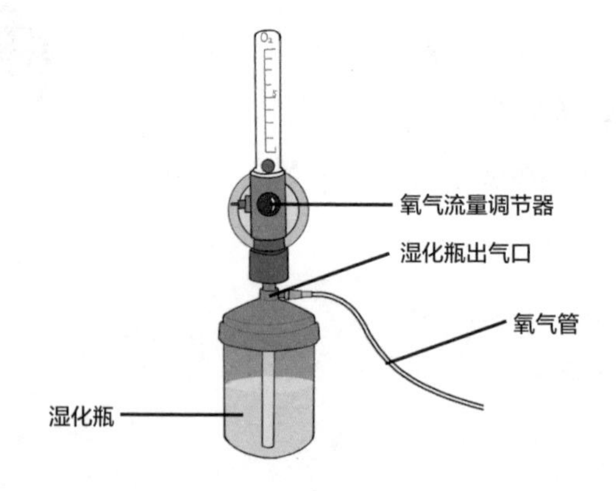

（3）将氧气导管的另一端置入患者鼻/咽部，观察患者吸氧的反应。

问题4：吸氧的注意事项有哪些？

（1）在给氧过程中，要严密观察患者的病情变化，根据病情变化，在医生指导下调整吸氧浓度。

（2）做好“四防”：防震、防火、防热、防油。

（3）高浓度吸氧时间不宜过长，若吸氧浓度大于60%，持续24小时以上，患者可能发生氧中毒。①

（4）及时更换湿化瓶、添加湿化液。

（5）观察鼻腔有无干燥、黏膜出血情况。

问题5：氧气管在使用后如何处理？

用黄色垃圾袋收集使用后的氧气管，将其当作医疗废物处理。

① 注：吸氧浓度（%）=21+4×氧流量（L/min）。

3 动脉、静脉溶栓导管

问题1：什么是导管溶栓术？如何安装动脉、静脉溶栓导管？

导管溶栓术是针对各种原因引起的静脉或者动脉血管血栓所致的下肢肿胀或者肢体缺血、疼痛的一种手术，是直接将导管通过动脉或者静脉放置在血栓处或者接近血栓处，向导管内注入溶解血栓药物，以达到溶解血栓、畅通血管目的的一种手术。

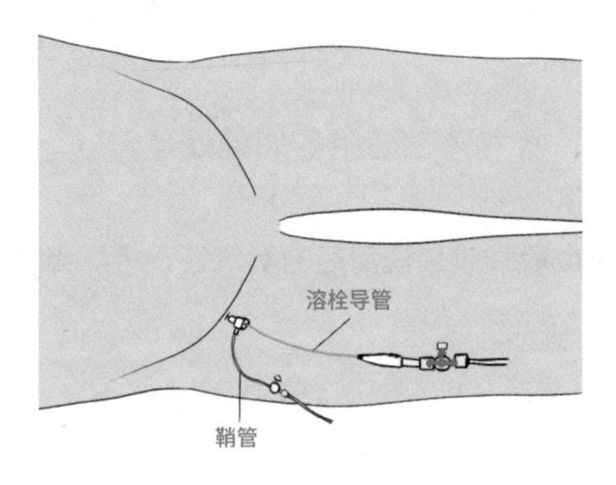

问题2：溶栓的适应证与禁忌证有哪些？

（1）适应证。对于动脉以及静脉形成的血栓均可采用溶栓治疗，包括静脉溶栓以及介入插管溶栓。其中，前者是通过输液点滴的方法使溶栓的药物进入体内进行溶栓治疗，后者是通过导管注射溶栓剂使其分布至血栓的内部，从而产生高效的溶栓作用。

（2）禁忌证。出血性疾病。若患有慢性胃溃疡、十二指肠溃疡等疾病，存在消化道出血风险，应避免使用溶栓药物，以免出血较多造成失血性休克。若发生脑出血，使用溶栓药物会将脑出血部位已经形成的封闭血管的血栓溶解，造成更严重的脑出血引发生命危险和更高的致残率。所以，如果患者存在自发性出血疾病，应避免使用溶栓药物进行治疗。

问题3：溶栓术后观察及护理要点有哪些？

（1）保持导管通畅。防止导管移位、折叠、堵塞。患者取平卧位，穿刺侧肢体伸直，折叠式固定好导管，并做好标记，保证导管通畅。由于动脉压力大，应注意微量泵输注液体的速度，避免血液凝固致管腔堵塞。

（2）观察穿刺部位。保持术侧肢体伸直，并在穿刺局部用绷带加压包扎；穿刺部位敷料若有渗血、皮下淤血、血肿，需及时通知医护人员。

（3）观察生命体征、皮肤温度变化。术后绝对卧床，除常规测量体温、脉搏、呼吸、血压等基础生命体征之外，还需对比观察双侧足背动脉的搏动、皮肤温度及颜色等。

（4）观察有无血栓形成。与健侧肢体对比，看插管肢体的皮肤色泽、温度变化、足背动脉搏动情况，特别是有动脉硬化者；若发现肢体变冷、苍白、疼痛、无脉或脉弱，表示可能有血栓形成，应及时溶栓。

（5）禁止冷敷和热敷。动脉堵塞后，患侧肢体温度降低，易致感觉异常/障碍。热敷会促进组织代谢、增加局部耗氧量，对严重缺血的患肢不利，且容易烫伤；冷敷则会降低组织代谢，同时会引起血管收缩，不利于解除痉挛和建立侧支循环。

（6）使用抗凝药物的护理。术后持续泵入溶栓药物时，需注意分清溶栓导管和鞘管，以防接错而影响疗效；需密切观察皮肤黏膜、牙龈、消化道、中枢神经系统有无出血征象。

（7）合理饮食。宜进食低盐、低脂、高蛋白、高维生素、易消化食物，保持大便通畅。

问题4：在溶栓过程中导管不慎滑脱应如何及时处理？

导管溶栓一般需3~7天，在溶栓期间每隔24~48小时需到造影室行经溶栓导管造影观察溶栓效果。若术后溶栓导管固定不稳妥，当搬动患者肢体时极易发生导管滑出。因此，应妥善固定导管防止滑脱；护士每班做好床旁交接班，检查导管各衔接处是否紧密；若发现导管已外移，应及时通知医生处理，切勿再送入血管内以免造成感染。

问题5：溶栓导管的拔管指征有哪些?

（1）下肢静脉造影显示血管再通。

（2）凝血功能检查结果示纤维蛋白原小于1.0 g/L。

（3）发生出血倾向时。如：皮肤黏膜、牙龈、消化道等有出血情况出现。

（4）出现导管源性感染征象。如穿刺部位局部或沿导管走向的皮肤出现红、肿、热、痛等症状。

4 脑袋上的“天线”——脑室引流管

何为脑室引流？是在脑袋里放一根管子？听起来就让人忍不住瑟瑟发抖……你知道什么是脑室引流管吗？下面，就请你和我一起来正确地认识脑室引流管吧！

问题1：为什么要安置脑室引流管？

安置脑室引流管的目的是将脑脊液从大脑的侧脑室向外引流，主要作用是治疗脑积水或其他脑外科疾病，以及改善颅内压。

问题2：脑室引流管该如何固定？

医生将引流导管固定在患者的头部，一般采用高举平台法，将引流瓶挂至高出侧脑室平面10~15 cm的位置，最后可将引流袋固定于床旁，但是不能接触到地面。

问题3：脑室引流管相关的并发症有哪些？

脑室穿刺引流技术作为临床常用的手术操作技术，总体来讲比较安全，对于患者的治疗效果也是非常理想的，但是有可能会引发颅内血肿、硬膜下血肿，出现引流管堵塞，病情严重者可出现颅内感染等并发症。

问题4：脑室引流管留置期间的注意事项有哪些？

（1）每天按时倾倒引流液，并记录颜色、性状和引流量，每天引流量不宜超过500 mL。

（2）观察是否有脑脊液流出。若引流液面随着患者的呼吸等上下波动，则表示引流管通畅；若引流液面突然不动，则提示有阻塞物，应立即告知医生。

（3）保持脑室引流管在位，切勿折叠、受压、扭曲等，以防止脱落。如脑室引流管不慎滑脱，切记不可自行送回脑室，应立即用无菌纱布覆盖创口，并告知医生及时处理。

（4）当搬运、更换引流瓶时，需夹闭管道，以免造成逆行感染或引起颅内压波动等。

问题5：如何观察留置脑室引流管患者的病情？

我们需要观察患者的意识、四肢活动、瞳孔对光反射变化及生命体征，有无剧烈头痛、频繁呕吐，以判断颅内压情况。

问题6：什么情况下可以拔除脑室引流管？

（1）拔管指征。脑室引流时间为3~7天。拔管前抬高引流袋或夹闭引流管24小时，当无颅内压增高表现时，可予拔管。

（2）拔管后护理。当脑室引流管完全拔除后，应立即缝合伤口，并用消毒敷料覆盖。拔管后需密切观察患者的神志、瞳孔及体温的变化；伤口需及时换药，以保持头部敷料清洁、干燥。

参考文献

[1]于俊,赵环,杜媛媛.反馈式早期康复护理干预对出血性脑卒中患者术后康复的影响[J].中国医药导报,2017,14(20):164-167.

[2]欧阳良美.颅脑手术后脑室引流管的护理干预及术后的康复情况研究[J].当代护士(中旬刊),2019,26(1):43-46.

[3]尹庆.脑出血术后脑室引流管的护理研究[J].世界最新医学信息文摘,2017,17(A4):219.

[4]任晓雨.神经外科脑室引流术后引流管的护理效果观察[J].中国医药指南,2019,17(16):229.

5 解腰大池引流管之惑

你知道什么是腰大池引流管吗？看到这个问题你是不是愣住了，不知该如何回答。这也难怪了，它是神经外科常见的引流管之一，大家平时接触较少。那我们就一起来了解一下腰大池引流管的相关知识吧！

问题1：什么是腰大池引流？

腰大池引流是把导管的一端放在人体腰部的腰大池内，也

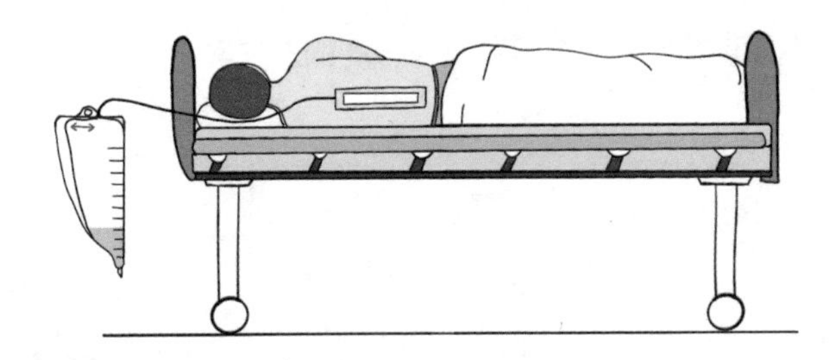

就是我们第3~4腰椎间隙内,另一端放在身体外，将脑脊液持续向外引流的治疗方法。它是治疗脑脊液漏较好的方法，可以用于颅脑损伤后控制颅内压和清除血性脑脊液漏，还可以减轻脑脊液对脑组织和脑膜的刺激，促进脑脊液的循环和吸收，预防血管痉挛，减轻脑膜反应，使脑积水得到减轻，从而降低脑梗死患者的死亡率。

问题2：腰大池引流管有哪些作用?

（1）可连续、缓慢引流脑脊液，使颅脑术后患者颅内压平稳下降；可刺激脑脊液分泌增多、循环增快，从而起到有效冲洗和稀释作用，防止粘连、减轻脑积水。

（2）方便医护人员观察脑脊液变化，还可直接将药物注入蛛网膜下腔达到快速给药目的。

（3）方便随时抽取脑脊液送检，避免反复腰椎穿刺带给患者不必要的痛苦。

（4）可降低颅脑术后继发性癫痫的发生率。

问题3：腰大池引流管留置时间是多久？

腰大池引流管的具体留置时间与每个患者的病情有关。一般腰大池引流管留置时间不超过7天，但是医生会根据患者病情需要考虑拔管或者重新安置腰大池引流管。

问题4：在留置腰大池引流管期间该注意些什么？

（1）首先要观察安置引流管区域的敷料是否清洁、干燥、具有持续密闭性，以确保腰大池引流管能够持续、有效地引流脑脊液；在进行各项操作时，要先整理腰大池引流管，以保证管道安全；绝对精确控制引流速度，避免引流过量；引流液的量一般需控制在 150 ~ 300 mL/d，避免引流不畅或引流量过多，从而维持正常颅内压。

（2）教会患者和家属当患者变换体位时，要保持腰大池引流管通畅，避免堵塞，防止牵拉、受压、脱落、折叠；减少腰大池引流管和床面的摩擦，如果敷料出现脱落或卷边等情况，需要及时换药，并固定好腰大池引流管；患者或家属不能随意调节腰大池引流管的悬挂高度。

（3）一旦出现腰大池引流管脱落，切记不能塞回，应该让患者立即平卧，通知医生及时处理。

问题5：在拔除腰大池引流管后还需要注意什么？

（1）拔除腰大池引流管后也不能疏忽对患者的观察。包括关注患者的生命体征是否平稳，意识状态和瞳孔有无变化，有没有诉说头痛、呕吐情况，四肢有无活动障碍等。

（2）为患者洗漱、擦身体时，注意不要打湿拔管处覆盖的敷料，同时应保持拔管处敷料清洁、干燥，以预防穿刺处的感染和相关颅内感染。

（3）应保持病房内温度适宜、空气流通，每日可早晚各通风半小时。

参考文献

[1]瞿磊,瞿波.神经外科12例腰大池引流管的护理探讨[J].中西医结合心血管病电子杂志,2020,8(34):181-182.

[2]邱丽芳,程梅容,张洁,等.循证护理干预在预防留置腰大池引流管并发症中的应用[J].中西医结合护理(中英文),2020,6(11):236-239.

[3]李银花,马青.个体精细化管理在腰大池引流病人中的应用[J].护理研究,2021,35(14):2627-2629.

6 揭秘硬膜外引流管

说到硬膜外引流管，可能你一下子就“蒙圈”（网络名词，形容对某些事情犯迷糊，蒙头转向，不知所措的精神状态。）了，脑袋里闪过无数个问号，这……这是什么东西?

接下来就请仔细看看硬膜外引流管及其相关知识吧!

问题1：什么是硬膜外引流?

硬膜是颅脑的解剖结构之一，硬膜外引流是神经外科常见的一种引流技术，常用于颅脑血肿清除、脑肿瘤切除、颅骨修补等手术后，是将引流管的一端放置于头颅的硬膜外，与颅骨内板相贴，另一端连接外部引流袋，达到引流组织液、血液、血性分秘物、脑脊液等的目的。

问题2：为什么要安置硬膜外引流管?

安置硬膜外引流管是为了避免开颅手术患者在术后出现硬膜外血肿、积液等情况。

问题3：留置硬膜外引流管有没有风险？

留置引流管会有发生相应并发症的风险。常见并发症如下：

（1）颅内感染。一般发生在手术后第3~4天。患者可能会出现呕吐、发热、头痛、嗜睡等，严重者会出现谵妄、抽搐等。腰椎穿刺检查结果会显示脑脊液浑浊。看护者应注意不要随意调节引流瓶的位置，避免逆行感染，同时，医生会根据病情合理使用抗生素。

（2）切口感染。一般发生在术后3~5天。患者通常会诉说伤口疼痛，局部会有明显的红、肿、热、痛，能看见脓性分泌物。患者应避免抓挠伤口，保持伤口敷料清洁、干燥。如果出现敷料渗血、打湿或脱落等情况，患者需要立即告诉医护人员。医生将结合患者具体情况合理使用抗生素抗感染治疗。

（3）引流管堵塞。需保持引流管通畅。做到多观察，防止引流管打折、受压、扭曲或血凝块堵塞管道等。

如发现以上情况，应立即联系医护人员。

问题4：硬膜外引流管日常护理注意事项有哪些？

（1）平时要注意硬膜外引流瓶的位置，除医护人员外，其他人员不能随意调整它的高度。引流瓶的高度要遵医嘱来调节，主要是依据引流液的颜色、性状和量来调节。

（2）要多观察引流液的颜色、性状和量。在一般情况下，患者手术当天，引流出的液体是红色血性的，以后颜色会慢慢地变浅。如果看到在手术后24小时还有鲜红色的血渗出，看护者需要立即通知医生查看患者，医生会酌情用止血的药物。如果引流液明显增多，颜色变成黄色的，这种情况要警惕可能发生了脑脊液漏，看护者需要及时告诉医护人员。

（3）如果看到没有引流液流出，要判断是否由引流管打折、扭曲、堵塞导致。一旦发现引流不通畅，需立即通知医护人员进行处理。

（4）多与患者沟通交流，给予心理支持，让患者保持心情平稳，处于安静状态。若患者出现烦躁，护士应及时了解原因并通知医生查看。

（5）预防患者意外拔管、坠床等，保证患者安全。当为患者活动肢体时，应注意勿拉扯引流管。当发现引流管脱出，不能将导管回送到患者体内，必须马上通知医生查看情况，由医生进行相应处理。

问题5：硬膜外引流管多久可以拔除？

拔管时间是根据患者具体情况而决定的，一般在手术后1~2天。在头颅CT检查没有发现特殊的不适合拔管的情况后方可拔管。

参考文献

[1]王剑伟.颅内血肿微创引流术与延迟行钻孔外引流术治疗脑外伤硬膜外血肿的效果[J].中国医药指南,2019,17(29):142-143.

[2]徐宝丽.神经外科常见引流管的护理[J].中国卫生标准管理,2015,6(15):212-213.

7 胸腔闭式引流管

问题1：哪些患者需要安置胸腔闭式引流管？

胸腔闭式引流术为一种常用的引流技术，主要用于胸部外科手术患者。如：乳糜胸、脓胸、胸腔积液、血气胸、自发性气胸、外伤性气胸、肺结节术后等患者。

问题2：胸腔闭式引流管安置在什么位置？

胸腔闭式引流管一端经胸壁置入胸膜腔，另一端外接引流瓶。

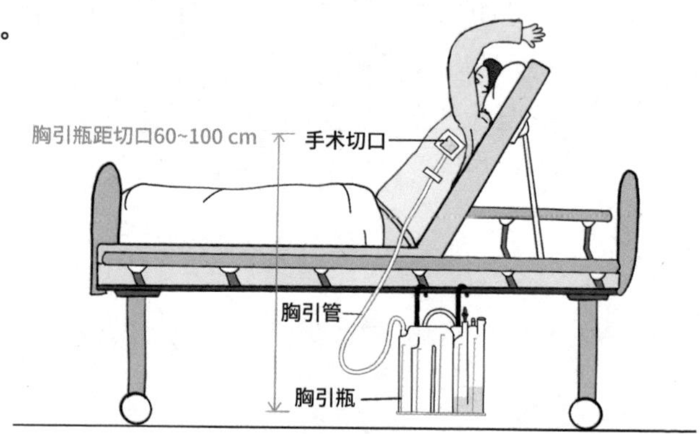

问题3：胸腔闭式引流的原理是什么？

其原理是借助气压差、重力引流胸膜腔内的积气、积液，恢复胸膜腔原本的负压状态，使纵隔保持正常解剖位置，促进肺复张。

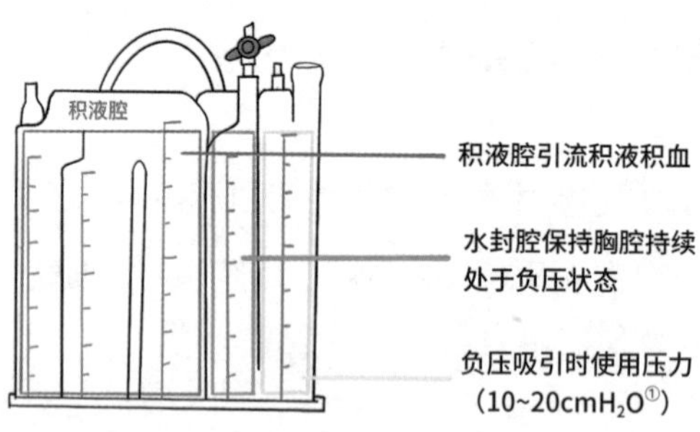

①1 cmH_2O≈0.098 kPa。

问题4：胸腔闭式引流管留置期间的护理要点有哪些？

（1）保持引流管固定在位、引流通畅。

（2）观察置管部位有无渗血、渗液，敷料有无松脱。

（3）观察引流瓶内水柱波动情况。正常水柱上下波动4~6 cm。若水柱波动幅度过大，提示可能存在肺不张；若水柱无波动，提示引流管不通畅或肺已经完全复张。

（4）观察引流液颜色、性状、量及流出速率等，并准确记录。术后早期引流液多呈血性，随后颜色会逐渐变淡至黄色、引流量逐渐减少。术后连续3小时每小时引流量大于200 mL，且引流液颜色呈暗红色或鲜红色或伴血凝块等，需警惕可能有活动性出血，应及时通知医护人员处置。

（5）观察有无乳糜胸发生。若引流液呈粉红色、乳白色，或清亮但每日引流量偏大，甚至达1000 mL，需高度警惕乳糜胸的发生。

（6）观察有无感染征象。若患者出现体温升高、胸闷、气短、胸痛等不适，需及时通知医护人员。

问题5：胸腔闭式引流管留置期间如何进行肺康复锻炼？

（1）深呼吸。吸气时用鼻缓慢吸气，心中默数“1、2”，同时将腹部缓慢鼓起；呼气时，缩唇（使嘴唇呈吹口哨状），缓慢呼出气体，心中默数“1、2、3、4”，同时回缩腹部。注意呼气时间与吸气时间的比例为2：1。

（2）有效咳嗽。深呼吸3~4次，再深吸一口气，屏气3~5秒，让身体前倾，行2~3次短促有力咳嗽，以便咳出痰液。

（3）呼吸功能训练。在白天、非睡眠状态下，每隔2小时使用呼吸功能训练器进行“吸气—呼气”训练各6~10组；当出现口周麻木、头昏时（提示CO_2排出过多），需暂缓训练。

问题6：留置胸腔闭式引流管患者如何合理进食？

（1）基本原则。选择去脂优质蛋白、优质碳水化合物、富含多种维生素和纤维素的食物；多饮水，以白开水为主；主食以未添加加工油脂的食物为主（稀饭、馒头、白面条等）；避免食用高脂肉类、肉汤及其他高油脂（如黄油、奶油、猪油等）食物。

（2）常见优质蛋白。鸡蛋、去皮鸡胸肉、去皮瘦肉、鱼虾等。

（3）常见优质碳水化合物。大米、面粉等粮谷类，藕、土豆、南瓜等瓜果蔬菜和薯类。

一日菜谱推荐			
早餐	馒头100 g	西蓝花100 g	鸡蛋100 g
午餐	白米饭100 g	小白菜250 g	去皮瘦肉75 g
晚餐	白面条100 g	娃娃菜250 g	白灼虾40 g
加餐	火龙果200 g		

问题7：胸腔闭式引流管突然脱落应如何紧急处置？

（1）确定胸腔闭式引流管脱落的位置。若是外露部位的连接管脱落，立即反折胸腔闭式引流管；若是胸腔闭式引流管从胸腔内脱落，立即用手捏住胸腔闭式引流管周围皮肤。如此操作，可减少空气流入胸膜腔造成气胸。

（2）紧急呼叫医护人员，协助医护人员用无菌凡士林纱布覆盖引流口并用胶布固定。

（3）推送患者行胸部X线检查等，了解胸膜腔内情况以便做进一步处置。

问题8：拔管的护理要点有哪些?

（1）确定拔管时机。根据患者胸部X线检查、肺复张程度、胸膜腔引流量等情况综合判断。

（2）拔管方法。嘱患者深吸一口气后屏住呼吸，操作者迅速拔管并用凡士林纱布覆盖引流口（以防空气进入胸膜腔）。

（3）拔管后。注意观察患者有无呼吸困难、胸闷、气促、皮下气肿，伤口有无渗血、渗液等情况。一旦发现异常，及时通知医护人员。

参考文献

[1]王桂林.针对性护理在自发性气胸患者胸腔闭式引流术围术期的应用效果[J].甘肃科技,2022,38(2):96-98.

[2]刘欢,胡雯,程懿,等.不同营养治疗对肺癌术后乳糜胸的临床结局对比分析[J].肿瘤代谢与营养电子杂志,2021,8(4):420-423.

8 心包与纵隔引流管

问题1：哪些患者需要安置心包与纵隔引流管？

心包是包在心脏外面及大血管根部的网状结构，纵隔是左右纵隔胸膜间的全部器官、结构与结缔组织的总称。大多数行心脏手术患者需要在心包及纵隔内安置引流管，目的是排出心包、纵隔腔内的积血，预防纵隔移位，以免造成堵塞引起心搏骤停等并发症。

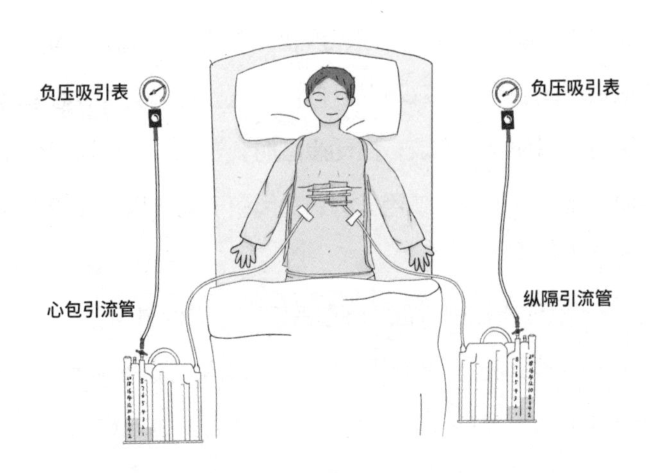

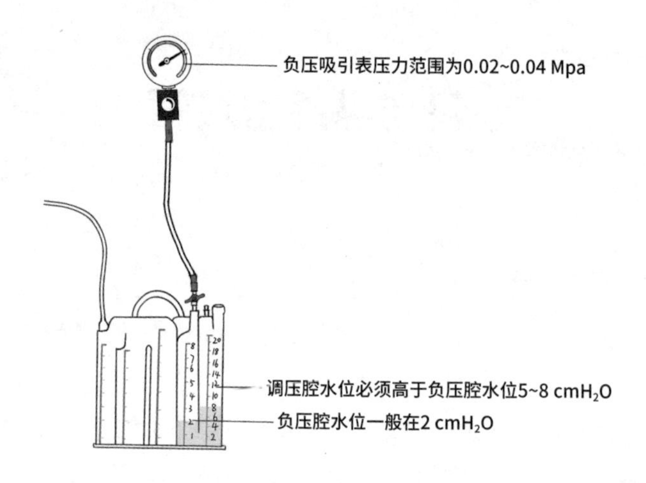

问题2：心包与纵隔留置引流管置入后的护理要点有哪些?

（1）保持引流管固定在位、引流顺畅。引流管外露部分固定于床边缘，防止脱开、受压、折叠、扭曲；引流瓶放置妥当，位置应低于胸腔平面60 cm以下；在病情稳定情况下，患者尽量取半卧位，以便顺位引流；搬动患者时，注意保持引流瓶低于胸腔引流管出口的位置，或用卵圆钳夹闭引流管，以防引流液倒流入心包及纵隔内。

（2）定时挤捏引流管，嘱患者咳嗽，以促进引流。

（3）密切观察引流是否通畅，引流量及引流液性状。若引流量＞250 mL/h、持续3小时以上、色泽鲜红（提示可能存在活动性出血），或引流管内出现血凝块，均需立即告知医护人员处置。

问题3：安置心包与纵隔引流管后，患者能下床活动吗？

可以下床活动，但下床前需固定好引流管；在活动过程中，需始终保持引流瓶的位置在引流口平面以下（避免引流液逆流回胸膜腔）；外出检查需更换体位等，如病情许可，最好夹闭引流管，以免发生反流、漏气、牵拉、脱落等。

问题4：发现心包与纵隔引流管脱落该如何紧急处理？

（1）立即让患者屏气，同时用手捏闭引流管周围的皮肤。

（2）安慰患者，按床旁呼叫器通知医护人员前来处置。

（3）协助医护人员用无菌凡士林纱布及胶布封闭伤口。

问题5：心包与纵隔引流管什么时候可以拔除？

当引流液色泽变淡、引流量明显减少（72小时内引流量＜30 mL/d）、胸部X线片或CT检查提示肺已完全复张、听诊呼吸音清晰时，可考虑拔管。

问题6：心包与纵隔引流管拔除后需要注意什么？

（1）医生将引流管拔除后，会用无菌纱布覆盖在穿刺点上，注意在创口愈合前不要沾水，以免感染。

（2）观察创面。如果拔管处持续渗液或流出液体，一定要立即找医生查看情况。部分患者可能需要创面封堵或者再次安置引流管等处理。

（3）卧床静养。尽量减轻对创面的牵拉刺激，确保创面顺利闭合，同时也避免空气进入胸腔内。

（4）合理饮食，多吃新鲜蔬菜、水果，高蛋白饮食，保持大便通畅，避免用力咳嗽、排便等，以减轻对创面的牵拉刺激，导致愈合延迟。

参考文献

[1] 黄朝芳,王小为,陈鸣凤.心脏术后心包纵膈引流管的观察及护理[J].海南医学,2010,21(2):132-133.

[2] 李莉,夏柳勤,朱明丽.体外循环术后心包纵隔引流管的无缝隙管理[J].护理学报,2012,19(4):51-53.

9 临时心脏起搏器

问题1：什么是临时心脏起搏？

临时心脏起搏是利用人造脉冲电流刺激心脏，以此代替心脏起搏点、引发心脏搏动的治疗方式，是一种非永久性置入起搏电极的方式，其脉冲器放置于患者体外。

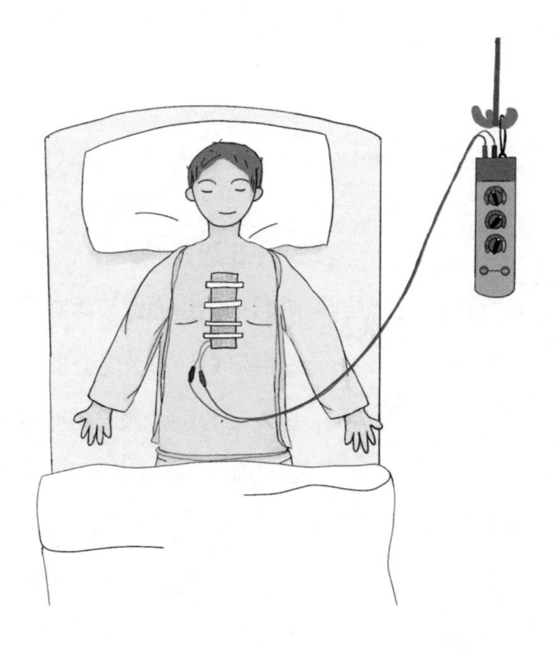

问题2：哪些患者需要安置临时心脏起搏器？

（1）需要紧急临时心脏起搏的患者。主要用于心源性晕厥，心搏骤停、心肺复苏后，病态窦房结合并阿-斯综合征等情况，置入临时心脏起搏器，以保证心脏的跳动功能。

（2）需要进行预防性心脏起搏的患者。在做外科手术前，尤其是行心脏手术前，当患者心率比较慢时，置入临时心脏起搏器以保证手术安全。

（3）需要进行过渡性心脏起搏的患者。在患者需要行安置永久心脏起搏器、心脏搭桥术或其他重大心脏手术前，置入临时心脏起搏器进行过渡，可以起到保护作用。

问题3：安置临时心脏起搏器需要开刀吗？

在通常情况下，置入临时心脏起搏器是通过股静脉或者锁骨下静脉穿刺，在X线透视下，把电极送入右心室，通过起搏导线连接临时心脏起搏器进行心脏起搏。另外，在心脏外科开胸手术中，可将电极缝于右心室心外膜，导线经心包剑突下切口缝合处引出并固定在皮肤上，在体外连接临

时心脏起搏器进行心脏起搏。

问题4：临时心脏起搏器需要安置多久？

临时心脏起搏器应紧急、短时应用，放置时间一般1~2周，最长不超过1个月，如仍需起搏治疗则应置入永久心脏起搏器。

问题5：置入临时心脏起搏器后需要注意些什么？

使用期间应妥善固定。在患者卧床期间，可将临时心脏起搏器固定在床头输液架吊钩上，便于随时观察其工作情况。

（1）临时心脏起搏器有明确的起搏信号指示灯，若指示灯显示异常，患者或家属应及时通知医护人员。

（2）临时心脏起搏器的电极可以因各种原因影响起搏带动，如起搏导线撕裂、电极脱位、电池消耗等。医护人员应随时巡视，查看电极连接情况、所有接头是否松脱、起搏器放置位置是否妥当，切勿暴力拉、拽，造成导线脱落或电极脱位。临时心脏起搏器上的所有指示按钮都是医生根据患者病情做的个性化调试，不能随意触碰或调试按钮。

（3）注意观察穿刺部位有无渗血、血肿、皮肤红肿和渗液等情况。

（4）备好备用电池，并注意临时心脏起搏器的低电压报警，出现报警应及时告知医护人员、及时更换电池。

（5）饮食护理。给予高蛋白、高维生素饮食，以提高机体抵抗力、促进伤口愈合。同时，指导患者进食富含维生素及纤维素的食物，以预防便秘。

（6）置入临时心脏起搏器的患者，应避免进入强磁场环境。如磁共振检查室等空间。

问题6：带有临时心脏起搏器者可下床活动吗？

患者在病情危重、需要持续监护期间应避免下床活动。搬动患者时要小心，防止电极脱开或刺破右心室。如果患者确实需要下床，看护者应请示医生，并尽量让患者不离开床边；患者下床活动全程务必有医护人员陪伴，并保护好起搏器，严防发生意外。

对于各项生命体征稳定、不需要持续监测，仅使用临时心脏起搏器的患者，允许患者离床活动。患者离床活动前，需先用背带或腰带穿过起搏器背面的固定环，将起搏器固定在患者身上以免起博器跌落；起搏导线需固定于背带或腰带上，松紧适宜，避免牵拉。患者离床活动期间，务必由家属全程陪伴。

参考文献

[1]王翔.临时心脏起搏器抢救心血管急危重症患者的临床观察[J].中国医疗器械信息,2018,24(9):139-140.

[2]谢贤敏,陈丽,陈大蓉.临时心脏起搏器临床应用效果及护理配合[J].华西医学,2012,27(1):87-90.

[3]明林颖.心外科术后安装心外膜临时起搏器患者的安全护理[J].糖尿病天地,2019,16(8):216-217.

10 空肠造瘘管

问题1：哪些人群需要安置空肠造瘘管？

各种原因所致不能自行进食者；部分肠道手术患者在肠道功能恢复前；病情危重不能经口、经鼻胃管进食者；留置鼻胃管超过1月仍无法经口进食，或无法耐受鼻饲者。

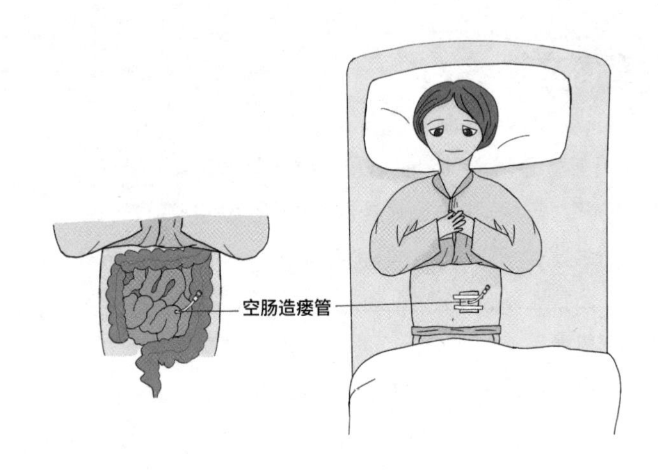

问题2：空肠造瘘管护理要点有哪些？

管道常规护理要点

（1）妥善固定空肠造瘘管。避免患者翻身活动时管道扭曲、受压或脱出。

（2）保持管道通畅。每隔6小时用10~20 mL温开水或生理盐水冲洗管道，以防堵塞。

（3）皮肤护理。每日评估造瘘口周围皮肤情况，保持局部皮肤清洁、干燥，可在造口周围皮肤上涂氧化锌软膏加以保护。

（4）体位管理。在管饲过程中需为患者取半卧位。

（5）心理护理。结合患者实际病情，告知患者及陪护肠内营养的作用与空肠造瘘管的临床意义、置入后的相关注意事项，从而提升其自我护理能力。

管饲操作护理要点

营养液应现用现配（温度以38~42℃为宜），配置好后一般存放不超过24小时；营养液从低浓度、少量、慢速开始给喂，常规管饲灌注量≤200 mL/次、2次灌注间隔应＞2小时，可根据患者耐受与舒适情况逐渐增加浓度；在管饲前后、特殊用药前后，均需用10 mL温开水或生理盐水冲洗管道；注意观察患者有无腹痛、腹泻（肠鸣音亢进）、恶心、呕吐等不适；每日记录管饲营养液种类、总量、总能量、给喂次数等。

问题3：拔除空肠造瘘管的时机是什么？

当患者肠道功能恢复正常（以肛门排气为主要指征），能经口或鼻胃管摄入足够营养食物时，可考虑拔除空肠造瘘管。

参考文献

[1]张娟娟,汪志明.经皮内镜下胃/空肠造瘘术的临床应用进展[J].医学研究生学报,2021,34(6):668-672.

[2]吴紫祥,王琪,詹天玮,等.《中国恶性肿瘤营养治疗通路专家共识(2018)》解读:外科空肠造瘘[J].肿瘤代谢与营养电子杂志,2020,7(2):151-154.

[3]李绮雯,李桂超,王亚农,等.胃癌辅助放化疗患者的营养状态与放化疗不良反应及治疗耐受性的关系[J].中华胃肠外科杂志,2013,16(6):529-533.
[4]ROVERON G,ANTONINI M,BARBIERATO M,et al.Clinical practice guidelines for the nursing management of percutaneous endoscopic gastrostomy and jejunostomy (PEG/PEJ) in adult patients: an executive summary[J]. J Wound Ostomy Continence Nurs,2018,45(4):326-334.
[5]罗静,曹影婕,眭文洁,等.微视频联合情境体验健康教育方案在空肠造瘘带管出院患者中的应用[J].中华护理杂志,2018,53(12):1478-1481.
[6]李小寒,尚少梅.基础护理学[M].4版.北京:人民卫生出版社,2006:286-287.
[7]张志娟,张传莲.高龄食管癌患者手术后早期应用匀浆膳行肠内营养对术后疲劳综合征的影响[J].中国老年学杂志,2012,32(21):4653-4654.

11 鼻肠管

问题1：什么是鼻肠管？

鼻肠管是一种由鼻腔插入，经咽部、食管、胃，置入十二指肠或空肠，用于肠内营养输注支持治疗的管道。通常使用的鼻肠管有螺旋形鼻肠管、三腔喂养管和液囊空肠导管。鼻肠管主要用于肠道有功能但因其他原因不能经口进食的患者。通过鼻肠管供给食物和药物，保证患者摄入足够的能量、蛋白质等营养素，满足其对营养和治疗的需要，促进疾病康复。

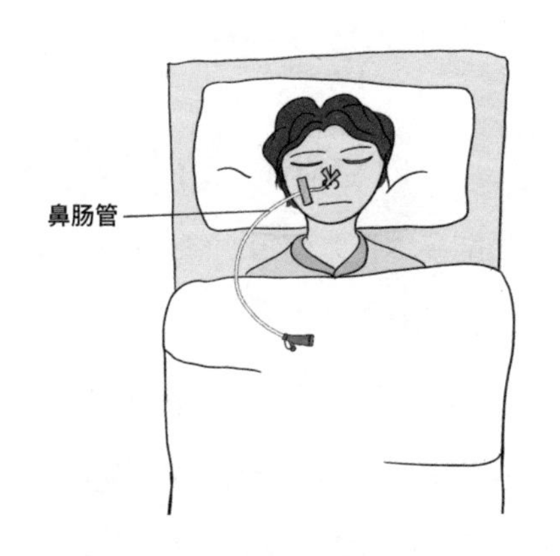

问题2：为什么需要安置鼻肠管？它与普通鼻胃管比较有什么不一样？

鼻肠管材质好，管径细，利于长期留置；鼻肠管末端直接到达小肠，不需要胃对食物进行研磨和消化，更适合胃肠功能蠕动不良或胃部手术后的患者；鼻肠管有助于促进肠道运动，维护肠道的完整性，减少菌群移位，降低能量的消耗与高代谢水平，减少胃潴留；同时可提高患者对肠内营养的耐受性，加速营养目标量的实现；降低误吸、肺部感染的发生率。

问题3：鼻肠管的适应证和禁忌证有哪些？

（1）适应证。①胃肠道手术；②重症急性胰腺炎；③肠道功能基本正常而胃功能受损；④重症患者反复呕吐，造成反流误吸；⑤胃轻瘫。

（2）禁忌证。①食管静脉曲张；②食管出血；③急腹症；④严重肠道吸收障碍；⑤肠梗阻。

问题4：置入鼻肠管后需要注意哪些问题？

（1）妥善固定，避免鼻肠管受压、牵拉、扭曲、打折。

（2）勤检查固定胶布，松动时及时更换；活动时注意保护鼻肠管，避免牵拉脱出。

（3）正确有效冲管，保持管道通畅，防止堵塞。①冲管方法：使用20~30 mL生理盐水、灭菌注射用水或温开水脉冲式冲管（推—停—推—停），推3~5 mL，停1秒，再推3~5 mL，如此反复进行。②冲管时机：在每次喂养食物前后、管饲药物前后、导管夹闭时间超过24小时、持续喂养时，每4小时冲管一次；若冲洗不畅，可缩短冲管间隔时间为1~2小时一次。

（4）管饲营养液不宜过于黏稠，使用时应加温至38~40℃（防止蛋白质凝固），使用前充分摇匀；如自制营养液，应现用现配，尽量选择稀薄少渣食物；因病情需要灌注含纤维素较多且较为黏稠的食物时，需适当增加冲管频率；尽量持续匀速输注，必要时行肠内营养输液泵输注；尽量避免输注含固体颗粒样食物，输注前需进行过滤，输注后需冲管；喂养结束冲管后，需盖上保护帽。

（5）管饲药物需充分碾碎、溶解、过滤。

（6）管饲时床头抬高30°~45°（防止反流或误吸），在管饲结束后需维持此体位至少0.5小时。如患者有腹胀、腹痛、腹泻、呛咳、恶心、呕吐等现象，应及时就诊。

问题5：鼻肠管堵了怎么办？

（1）一旦发现管道堵塞，应尽快处理，及时冲管。如果不能疏通，不要强力冲管以免鼻肠管破裂，可以用温开水低压冲洗或负压抽吸交替进行，同时用指腹反复轻捏挤压外露于体外的管道。

（2）可在咨询医护人员后，正确使用药物反复正负低压推注冲管（详见问题4“置入鼻肠管后需要注意哪些问题？”第3条相关内容）。

（3）若疏通管道失败，应寻求医护人员的帮助，严禁用尖锐物品自行疏通管道。

问题6：鼻肠管脱出时怎么办？

（1）当鼻肠管未完全脱出时，应立即固定管道，及时就诊，待医护人员确定鼻肠管位置无问题后再使用。

（2）当鼻肠管完全脱出时应及时就诊，待医护人员重新置入鼻肠管后再使用。

问题7：鼻肠管该多久更换一次？

一般情况下不需要常规更换，依据鼻肠管使用说明书的建议，在导管达到使用期限后更换即可。

参考文献

[1]周萍,林友燕,俞新燕.脉冲式冲封管方法预防肠内

营养液低速输注期堵管的效果观察[J].中国乡村医药,2022,29(5):11-12.
[2]刘卉,王珊珊,田慧,等.肠内营养鼻肠管堵管原因分析及护理方法探析[J].实用临床护理学电子杂志,2018,3(47):9,32.
[3]欧玉凤,赵慧华,许丽娜.不同溶液用于鼻肠管肠内营养患者封管的效果评价[J].中国实用护理杂志,2020,36(9):646-650.

12 肛门引流管

问题1：什么是肛门引流管？

肛门引流管是在相关手术结束后，经肛门插入的硅胶管，一般放置在吻合口上方约5cm处。肛门引流管体外端从肛门拉出，用缝线固定管体于周围皮肤，用于收集大便及气体。

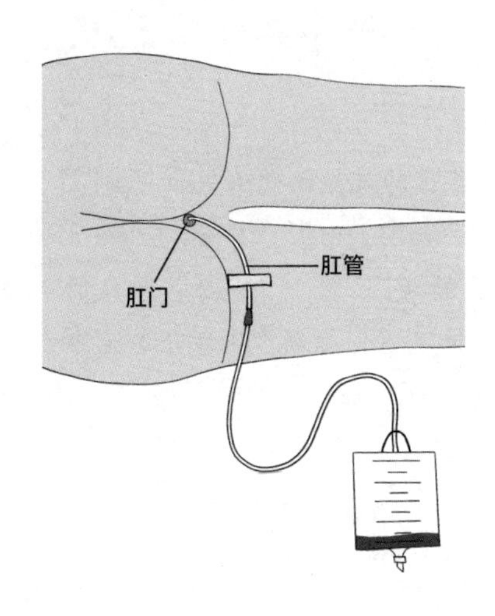

问题2：为什么需要安置肛门引流管？

在结直肠手术术后经肛门留置引流管，能有效地减少术后吻合口漏和吻合口狭窄的发生，加速患者康复。

问题3：安置肛门引流管后需要注意哪些问题？

（1）看护者应协助患者床上翻身，以促进腹腔引流及肠功能恢复、预防肠粘连。

（2）注意观察术后有无出血征象，以及有无面色苍白、脉速、血压下降等休克症状出现。

（3）妥善固定引流管，观察引流管是否通畅。及时排放引流袋内的气体及大便，并观察引流物的性质及颜色。观察患者有无肠鸣音及肠蠕动的异常情况。

（4）注意保持患者肛周皮肤清洁、干燥，定时用生理盐水棉球清洁肛周，避免大便长时间刺激局部皮肤。若有肛周皮肤发红或压迫溃疡、糜烂，在彻底清洁皮肤后局部涂氧化锌软膏，切勿用不洁纸巾擦拭，以防感染和损伤皮肤。

（5）由于肛门留置引流管导致患者不能取正常的坐位，术后6小时护士应指导患者取半卧位或侧卧位，避免骶尾部长期受压，必要时按摩受压部位，促进局部血液循环，预防压力性损伤的发生。术后第1天应协助患者下床站立活动，以促进肠道功能恢复，指导患者以循序渐进的方式进行适度活动，避免劳累。

问题4：肛门引流管一般需要留置多久？

直肠肿瘤术后肛门引流管能够将局部积聚的血液、脓液等引流出来，对术后的恢复有一定的帮助，一般留置5~7天；如果积聚的液体较多，可能会适当延长置管时间，具体需根据患者的个人情况决定。

参考文献

[1]YANG C S,CHOI G S,PARK J S,et al.Rectal tube drainage reduces major anastomotic leakage after minimally invasive rectal cancer surgery[J]. Colorectal Dis,2016,18(12):0445-0452.
[2]KAWADA K,TAKAHASHI R,HIDA K,et al.Impact of transanal drainage tube on anastomotic leakage after laparoscopic low anterior resection[J]. Int J Colorectal Dis,2018,33(3):337-340.
[3]张秀英，李富娣. 肛管低负压吸引在直肠癌Dixon术后患者中的应用及护理[J].当代护士(上旬刊),2016,11:67-68.

13 胃造瘘管

问题1：什么是胃造瘘管？

经皮内镜下胃造瘘术是指经胃镜在胃肠道与腹壁之间放置胃

造瘘管的微创技术。胃造瘘管主要用于经胃肠道营养支持，满足患者营养需求。

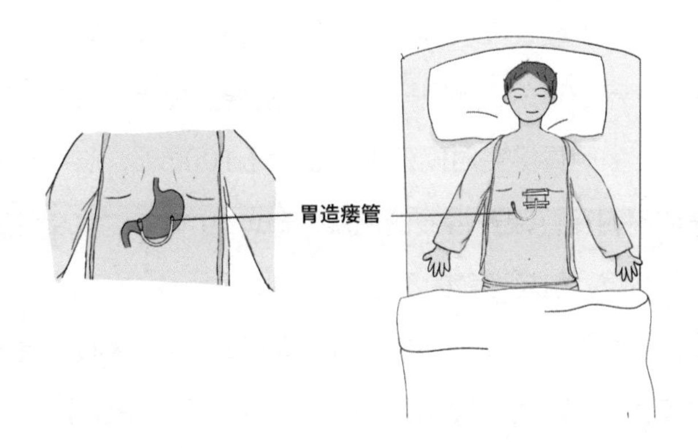

问题2：哪些患者需要安置胃造瘘管?

（1）各种原因导致吞咽障碍的患者：如头颈部肿瘤患者、食管癌患者、脑卒中患者、植物人、渐冻人等。

（2）食管穿孔患者、食管瘘患者。

（3）气管切开需行长期管饲的患者。

（4）各种原因需长期（2周以上）行胃肠减压的患者。

问题3：胃造瘘管留置期间需要注意哪些问题?

（1）妥善固定。胃造瘘管长短需适宜，避免患者在床上翻身活动时造成管道扭曲、受压或脱出。

（2）患者在胃造瘘管置入后禁食24小时，之后根据患者的病情及需求可持续注入或分次喂饲。在置管48小时后，先注入温水50 mL，观察1小时，若患者无不适，再注入营养液。管饲量每次最大不超过300 mL，每次喂饲前要回抽胃残余量，若大于50 mL，表明胃排空时间延迟；若大于100 mL，应考虑患者对营养液不耐受。喂养溶液的温度为38~40 ℃，过冷及过热都会刺激胃黏膜，引起患者的不适。

（3）饲入肠内营养液时，操作者应戴一次性手套，营养液饲入的装置应每24小时更换一次。连续肠内营养液输注时，每4~6小时需用20~30 mL温水冲洗胃造瘘管，以防管道堵塞。

（4）在没有禁忌证的情况下，可将患者床头抬高30°~45°，以防胃内容物反流或误吸；在肠内营养治疗结束后至少保持该卧位1小时。对不能耐受半卧位的患者可采取头高足低位。

（5）药物饲入的时间应与肠内营养液输入时间隔开，以避免两者之间相互作用导致管道堵塞，或改变药物的吸收速度和起效时间。在给口服药前应停止营养液的输入，用15 mL温水冲洗管道；在给药结束时，用同等量的水冲洗管道，等待0.5~1小时重新启动肠内营养液的输入。

（6）胃造瘘管的敷料在首次置管的24小时内应每4小时检查一次，如有脓性及血性分泌物污染应及时更换。

（7）注意观察胃造瘘管周围皮肤，有无红、肿、热、痛以及胃内容物渗漏等情况出现。

（8）定期消毒或根据胃造瘘管周围皮肤情况进行换药。通常用无菌纱布遮盖造瘘口，用胶布固定管道。

（9）输入营养液期间，若患者出现腹痛、腹泻、恶心、呕吐等症状，需及时告知医护人员帮助解决。

问题4：胃造瘘管留置期间可能会出现哪些并发症？处理方式有哪些？

（1）胃造瘘管脱出。应妥善固定管道。

（2）胃造瘘管堵塞。选择颗粒小、少渣的营养液，各类蔬菜、水果榨汁后需用纱布过滤后再饲入，并定时冲洗管道。

（3）感染性并发症。避免营养液受污染，冲配好的营养液应在8小时内用完。

（4）反流和误吸。输注营养液时应摇高床头，防止胃内容物反流和误吸的发生。

（5）腹胀、腹痛。营养液温度以接近体温为宜（通常为38~40℃）。

（6）腹泻。应避免输注速度过快、温度过低，同时应防止营养液受污染。

（7）便秘。使用富含纤维素的营养液，如将蔬菜、水果打成汁，同时增加水分的摄入。

问题5：胃造瘘管的使用期限是多久？更换胃造瘘管需要注意什么？

胃造瘘管可以使用多久，主要取决于胃造瘘管的材质，与平时的护理水平也直接相关。普通硅胶管耐腐蚀性较差，一般使用约3个月就需更换。医用硅橡胶胃造瘘管的老化速度与平时的护理也直接相关，规范使用、维护导管，一般4年左右才会老化。但一般使用1~1.5年就需要更换。

到期更换胃造瘘管前，应先移除旧胃造瘘管，再插入新胃造瘘管，同时向气囊内注水；通过新的胃造瘘管吸出胃内容物，以判断瘘管是否处在正确的位置。

问题6：如何预防胃造瘘管口感染？

（1）注意观察造瘘口周围皮肤，有无红、肿、热、痛以及胃内容物渗漏等情况发生。

（2）定期消毒造瘘口皮肤，或根据周围皮肤情况进行换药，并用无菌敷料遮盖保护。

参考文献

[1]陈妍,叶梅,郑菁,等.经皮内镜下胃造瘘术肠内营养对重症脑卒中呼吸机相关性肺炎患者的影响[J].齐鲁护理杂志,2021,27(3):31-34.

[2]叶琼瑄,杨玉彩,马小玲.生活方式干预应用于胃造瘘术后患者家庭肠内营养管道的护理价值[J].黑龙江医学,2019,43(10):1258-1259.

[3]余雅琴,何静婷,罗洋,等.成人经皮胃造瘘护理研究进展[J].护理研究,2020,34(13):2356-2359.

14 "T"形引流管

问题1："T"形引流管有什么作用?

（1）"T"形引流管简称T管，主要用于胆道手术患者。在手术结束后放一根"T"形引流管在胆道内，以便引流胆汁。

（2）作用：①引流胆汁和残余的结石，减轻胆道压力，使胆管缝合口顺利愈合，避免胆漏。②“T”形引流管在胆道内起支撑作用，避免形成胆管狭窄。③“T”形引流管可作为检查和治疗胆道疾病的通道。

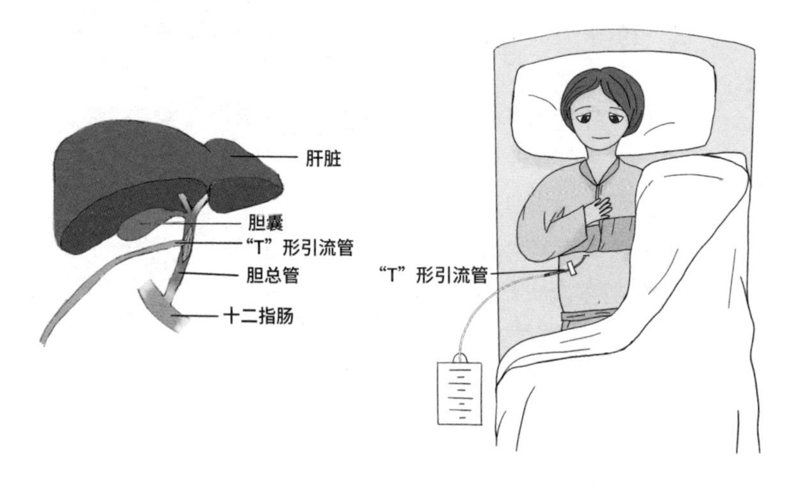

问题2：安置“T”形引流管可能发生哪些并发症？

（1）“T”形引流管脱落。①患者术中使用麻醉药术后未完全清醒时，因躁动自行拔管；②固定不牢固或松动导致脱管；③患者下床活动时忽略了引流管，导致牵拉脱管。

（2）“T”形引流管堵塞。①“T”形引流管选择不当、受到折叠或扭曲时会堵塞；②肝管或胆总管内残留的结石或浑浊的胆汁、蛔虫等会导致堵塞。

（3）胆道感染。①胆汁逆流造成感染；②在“T”形引流管留置期间伤口周围皮肤护理不当造成感染。

（4）胆漏。①“T”形引流管脱落或移位会导致胆漏；②胆道壁发生病变导致胆漏。

问题3：如何观察“T”形引流管引流液是否正常？

（1）引流液正常情况。正常成人每日分泌胆汁800~1200 mL，呈黄绿色、清亮、无沉渣；术后24小时内引流量为300~500 mL，引流液呈淡红色血性或褐色，在患者恢复饮食后可增至每日600~700 mL，呈淡黄色，颜色逐渐加深，清亮，以后会逐渐减少至每日200 mL左右。

（2）引流液异常情况。①如出现草绿色，则提示胆汁内的胆红素受细菌作用或受胃酸的氧化；②如出现脓性液体，则提示胆管内炎症感染或有泥沙样残余结石；③如出现白色，则提示由于长期梗阻，胆色素和胆盐被吸收，由胆囊黏膜、胆管黏膜分泌的物质所代替；④如出现红色，则提示胆管内有出血情况；⑤如引流液突然减少，应及时查看“T”形引流管是否有受压、脱出、扭曲及折叠等情况，若排除以上情况仍无引流液则应及时就医。看护者应每天在固定时间观察和倾倒引流液，并记录好引流液的颜色、量、性状等。

问题4：“T”形引流管周围有胆汁渗出应该怎么办？

（1）检查“T”形引流管是否固定得当，有无滑脱。

（2）“T”形引流管周围皮肤因胆汁渗出致皮肤发痒、发红，局部可涂氧化锌软膏保护皮肤。

问题5：如何防止“T”形引流管滑脱？不慎脱落后应该怎么办？

（1）固定。“T”形引流管从腹壁出来的外露部分需要进行二次固定在腹部皮肤上，以防被外力牵拉导致引流管脱出。

（2）若“T”形引流管不慎脱出，应立即用无菌纱布覆盖住皮肤，并通知医护人员及时处置。

问题6：患者带“T”形引流管回家后应该怎么护理？

（1）保持“T”形引流管通畅，防止折叠、扭曲、牵拉等；平卧时引流袋不能高于腋中线，站立时引流袋要低于腹部切口，以防止引流液逆流。

（2）保持伤口敷料干燥、清洁，引流袋需根据情况每周更换1~2次。

（3）穿宽松的衣服，防止牵拉、挤压“T”形引流管；淋浴时可用塑料薄膜覆盖管道口，防止感染，避免盆浴；避免过度活动或提举重物，防止管道被牵拉脱出。

（4）若管道口敷料有渗液，应及时更换；若患者出现腹痛、黄疸、发热等不适，应及时就医。

问题7：什么时候可以拔管？

（1）术后2周以上，可进行夹管实验。若患者无腹痛、发热、黄疸等症状，可行“T”形引流管造影检查，如胆道无狭窄、无结石、无异物，引流畅通，在充分引流造影剂后遵医嘱即可拔管。拔管后1周内，应警惕出现胆漏，患者如有发热、黄疸、腹痛等不适，应及时就诊。

（2）夹管试验方法。饭前1小时夹管，饭后1小时开放管道，逐渐过渡到白天夹管、夜间放开，最后全天夹管。在夹管期间患者若出现腹痛、发热、黄疸等不适，则暂停夹管，并通知医护人员及时处理。

15 鼻胆管

问题1：鼻胆管有什么作用？

（1）经内镜鼻胆管引流术（ENBD）是在诊断性逆行胆管造影（ERCP）技术的基础上建立起来的，是较为常用的内镜胆道引流方法。它采用一条细长的聚乙烯管在内镜下一端经十二指肠乳头插入胆管中，另一端经十二指肠、胃、食管、咽部位等从鼻孔引出体外，以建立胆汁的体外引流途径。ENBD作为非外科手术胆道外引流方法，具有操作简便，患者痛苦少、并发症少、恢复快等优点。

（2）作用。预防ERCP术后并发症、减轻梗阻性黄疸、降低胆道压力、解除胆道梗阻、控制感染、通畅引流。

问题2：哪些疾病需要安置鼻胆管?

（1）急性胆源性炎症或胆管狭窄。

（2）结石或肿瘤引起的胆管梗阻。

（3）ERCP术后结石嵌顿及胆管感染的预防。

（4）需要检查或药物治疗的其他疾病。

问题3：哪些患者不能安置鼻胆管?

（1）食管、幽门或十二指肠球部狭窄患者。

（2）食管静脉重度曲张患者。

（3）有凝血功能障碍及出血性疾病者。

（4）有消化道内镜检查禁忌者。

问题4：如何防止鼻胆管脱落和移位?

（1）三重妥善固定。一重固定：用胶带将鼻胆管尽量固定在鼻腔前端的中央，这样管道不易滑脱，减少管道对鼻腔壁的刺激，减轻患者的被牵拉感。二重固定：用工字法固定于脸颊。三重固定：将鼻胆管用别针或胶带固定在近侧肩部衣服上，以没有明显被牵拉感和颈部活动自如为度。

（2）避免ENBD管打折、扭曲、受压，活动时注意保护管道，保持引流通畅。

（3）引流不畅的原因。胆汁分泌减少；引流袋连接处衔接不当造成管道受压阻塞；泥沙样结石或脓性絮状物阻塞管腔；鼻胆管在体内盘曲；鼻胆管移位、脱出等。若出现引流不畅，患者或家属应及时告知医护人员，排除故障，保持通畅引流。

问题5：安置鼻胆管后可能发生哪些并发症?

（1）急性胰腺炎。有1%~7%的发生率，应做好血尿淀粉酶的监测。

（2）水和电解质紊乱。因手术需要禁食所致，应及时补充营养素。

（3）出血及穿孔。观察有无腹痛、腹胀，大便颜色有无异常。

（4）吸入性肺炎。保持良好的口腔清洁度，进行有效的咳嗽排痰。

（5）胆道感染。胆管炎多见。

问题6：安置鼻胆管后有哪些注意事项?

（1）在正常情况下术后2天内为墨绿色引流液，随着时间延长颜色逐渐变浅，呈棕黄色或淡黄色，24小时引流量通常在800~1100 mL，如引流液突然减少或无，需及时告知医生。常见异常情况有：引流液呈红色血性则表示有胆道出血、呈草绿色则怀疑管道脱出至肠腔；引流出少量无色液体，则怀疑管道进入胰管中，可做引流液淀粉酶测定以明确原因。

（2）采用漱口或刷牙法行口腔护理，清洁口腔，减少细菌感染，减少口咽并发症的发生。药物雾化吸入可减轻咽喉部不适。鼻黏膜干燥者，可用棉签蘸少许温水或用石蜡油润滑鼻腔；鼻腔不适、敏感者可用复方薄荷油滴鼻。

（3）在病情允许的情况下患者可带管进食。先饮温开水，若无不适则进食米汤，逐渐增加低脂肪、高蛋白、易消化、不易在管道上残留的食物；取半卧位进食，细嚼慢咽，每次吞咽的量不要太多，以免引起呛咳；最后用温开水漱口后做最大的吞咽动作，以冲洗口腔及食管外壁，减少细菌感染。

（4）观察鼻胆管有无扭曲、折叠、受压等情况，及时更换引流袋，保证有效引流胆汁。

问题7：什么时候可以拔除鼻胆管？

在患者黄疸、腹痛等症状缓解或消失3天以上，体温、血淀粉酶等指标正常，再结合患者病情稳定，即可遵医嘱拔管。

16 经皮经肝穿刺胆道引流管

问题1：经皮经肝穿刺胆道引流管有什么作用?

经皮经肝穿刺胆道引流术（PTCD）是一种微创疗法，是通过影像技术经皮经肝穿刺，将一根引流管（以下简称PTCD管）置入胆管的技术，是当前解决梗阻性黄疸的有效诊法。该方式创伤小、痛苦小、费用较低，对于恶性疾病引起的黄疸、但又不能手术的患者可延长生存期，提高生活质量。

其作用包括：引流胆汁、减轻患者瘙痒、减轻胆道压力、退黄、缓解消化道功能紊乱、改善食欲等，为相关治疗、检查提供通道。

问题2：哪些情况需要安置PTCD管？

（1）晚期肿瘤引起的急性胆道梗阻，行姑息性胆道引流。

（2）急性胆道感染。

（3）深度黄疸患者的术前准备。

（4）胆道疾病相关检查及治疗。

问题3：哪些情况不能安置PTCD管？

（1）对造影剂过敏者，有严重凝血功能障碍，严重心、肝、肾功能衰竭和大量腹水者。

（2）急性化脓性胆管炎感染尚未控制者。

（3）肝内胆管被肿瘤分隔成多腔，不能引流整个胆管系统者。

（4）不能控制咳嗽或呃逆者。

（5）不配合的患者。

问题4：安置PTCD管后可能发生哪些并发症？

（1）胆道感染。患者表现为畏寒、高热、腹痛等，严重者可出现休克。

（2）胆道出血。急性出血时患者可出现腹痛、腹胀、血压下降、尿量减少等症状。

（3）胆汁渗漏。可引起胆汁性腹膜炎，患者可出现寒战、高热等症状。腹部胆汁渗漏溢出至皮肤可造成胆汁性皮炎，使皮肤发红伴瘙痒感。

问题5：如何防止PTCD管滑脱？

PTCD管安置后，护士会用固定器将PTCD管二次固定在腹部，并在粘贴前预留一定的活动长度，确保活动时管道不会被牵拉导致滑脱。

问题6：安置PTCD管后有哪些注意事项？

（1）PTCD术后的1~2天胆汁可能呈白色或墨绿色，这种情况并非异常；在2天后胆汁转为淡黄色或金黄色，胆汁引流量每天在200~1200 mL。若导管内出现鲜红色液体，则提示有腹腔出血，看护者应及时通知医生。

（2）患者因胆汁流失，对脂肪的消化能力明显降低，应少食多餐，从清淡易消化低脂流食逐渐过渡；进食后注意有无腹胀、腹痛、恶心等不适。

（3）每日观察腹部敷料是否清洁、干燥，并保持引流通畅，避免管道出现折叠、牵拉、扭曲等情况，当患者翻身和活动时引流袋应低于腹部穿刺的部位。

（4）梗阻性黄疸的患者常伴有肝功能受损，易产生腹水，因此，PTCD管周可有渗液，造成皮肤瘙痒、固定装置松动，看护者需及时告知医护人员，给予及时更换。

（5）患者居家护理时，宜穿着宽松衣物，避免过度活动和提重物；保持管道敷料清洁、干燥，每周更换1~2次引流袋。如有腹痛、腹胀或发热等不适，应及时就诊。

问题7：什么时候可以拔除PTCD管？

PTCD管拔除的时间受患者有无感染情况、胆汁引流情况、安置管道的作用等因素的影响，具体拔管时间医生会根据患者病情决定，有些患者会终身带管。

参考文献

[1]龚仁蓉,许瑞华.肝胆胰脾外科护理新进展[M].成都:四川大学出版社,2021.

[2]李乐之,路潜.外科护理学[M].6版.北京:人民卫生出版社,2017.

[3]田永明,朱红,吴琳娜.临床常见管道护理指南[M].成都:四川科学技术出版社,2021.

17 膀胱造瘘管

问题1：耻骨上穿刺膀胱造瘘术是一种什么手术？

耻骨上穿刺膀胱造瘘术是治疗下尿路梗阻、神经源性膀胱和缓解尿道损伤导致的尿潴留等疾病的一种方法，也是治疗急性前列腺炎或尿道损伤及狭窄，进行暂时尿流改道的常用措施。

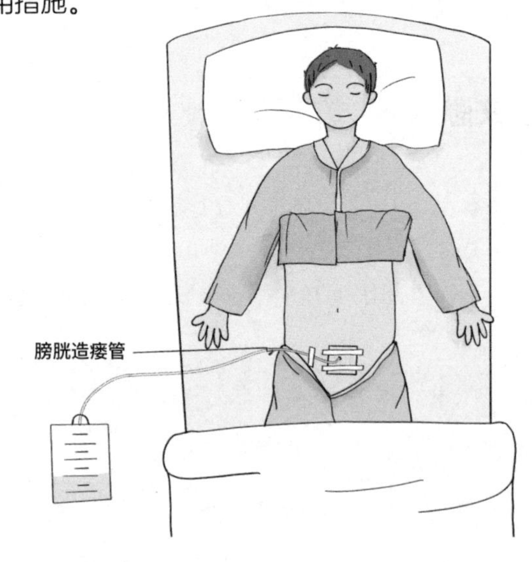

问题2：耻骨上膀胱穿刺造瘘术可怕吗？

耻骨上膀胱穿刺造瘘术耗时少、创伤小、操作简便，可以在诊室或一般条件下施行，使用 2 %利多卡因进行局部麻醉。该术式有以下优点：只需局部麻醉，切口小，只切开皮肤到腹直肌前鞘即可，手术简单、时间短、出血少。

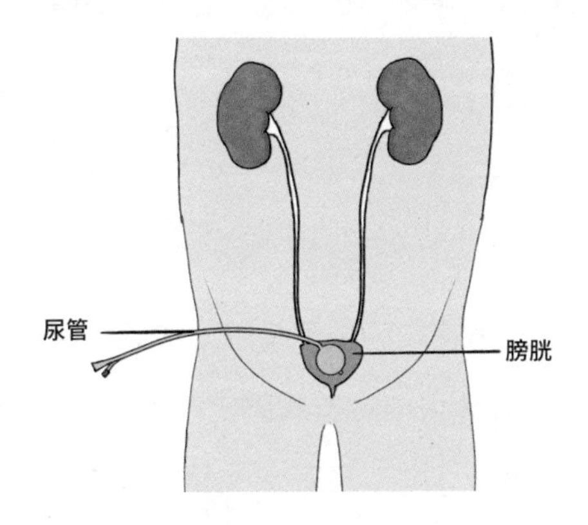

问题3：在哪些情况下需要行耻骨上穿刺膀胱造瘘术？

耻骨上穿刺膀胱造瘘术多用于尿潴留的患者。

（1）梗阻性膀胱排空障碍所致尿潴留。如前列腺增生症、尿道狭窄、尿道结石等，且经导尿未果者。

（2）阴茎和尿道损伤。

（3）泌尿道手术后。如尿道整形手术和膀胱手术后。

（4）妇产科和外科手术后。

（5）化脓性前列腺炎、尿道炎、尿道周围脓肿等。

（6）神经性膀胱功能障碍。

（7）护理需要。如对重危症患者进行监护等。

问题4：安置膀胱造瘘管之后出现以下情况该怎么办？

（1）泌尿系统感染。由于膀胱造瘘后膀胱与外界相通，造瘘管放置时间过久可能诱发膀胱内感染，大部分患者在5天后膀胱的炎症可较快消退。应定时更换引流袋，一个星期更换一次引流袋，患者需要每个月去医院更换造瘘管一次。应注意集尿袋的位置，一定要低于膀胱水平，以防止尿液回流造成膀胱内感染。观察尿液的颜色及尿量变化，如引流液浑浊且坏死脱落组织较多，说明有膀胱内感染，可在医生的指导下使用抗生素治疗等。

（2）造瘘口周围皮肤炎。由于管道可对周围组织产生炎性刺激，频繁变动加上体位，管道与周围组织产生摩擦，易引起周围组织不同程度的损伤，进而导致炎性反应。此外，造瘘口分泌物、造瘘管包裹等物理刺激，都可产生刺激症状，故应保持造瘘口局部清洁、干燥，应穿宽松衣裤，禁止淋浴。膀胱造瘘初期，可每日用碘伏棉球消毒造瘘口周围皮肤，并及时清除分泌物，用无菌敷料覆盖造瘘口。在瘘口形成后，需每天用温水清洁造瘘口，并保持皮肤干燥。当局部出现潮红、湿疹时，可外涂氧化锌软膏，以2次/天为宜。

（3）尿路结石、造瘘管堵塞。发生尿路结石可能造成膀胱造瘘管堵塞。由于饮食习惯不当是发生尿路结石的原因之一，应指导患者多饮水，以保证尿量在每日2000 mL以上，通过增大尿量可将尿路的细菌或细小结石排出，达到“内冲洗”作用；同时，可以预防尿路感染和膀胱造瘘管表面结晶的形成。此外，也可手动挤压膀胱造瘘管帮助细菌或者细小结石排出。对于长期卧床患者，应帮助其勤翻身，以防形成尿液沉淀。含草酸食物可致尿路结石形成，应避免过量食用。

（4）膀胱造瘘管脱落。膀胱造瘘管的内部有一水囊支撑，一般不易脱出，但仍需妥善固定，保持膀胱造瘘管通畅，避免扭结或滑脱。同时注意防止用力向外牵拉膀胱造瘘管，以免脱出。若膀胱造瘘管脱出或发生梗阻，应及时通知医护人员处理。

问题5：什么时候可以拔除膀胱造瘘管？

根据患者病情需要，有的患者短期可拔管，有的患者可能需要长期带管。

问题6：置管期间该如何合理进食？

在安置膀胱造瘘管后，患者需戒烟、戒酒、防止进食刺激性食物。一般没有特殊忌口的食物都可以食用，如新鲜水果、蔬菜、肉类都可以吃。食物应易消化，富有营养，可多食蔬菜、水果及富含膳食纤维的食物，以帮助患者保持大便通畅。避免摄入动物内脏、高钙、高草酸食物，防止结石形成。多饮水，每日达2000 mL，以促进多排尿，达到冲洗尿道、防止尿路感染的目的。

问题7：带管患者能活动吗？

在日常生活中，能行走的患者可适当做些力所能及的活动，如散步、打太极拳等，避免重体力劳动。同时，可多培养些兴趣爱好，使生活有趣起来，保持乐观情绪。

问题8：带管患者在生活中还需要注意什么？

每日定时开窗通风、换气，保持衣服、被褥洁净；保持局部造瘘口清洁、干燥；穿宽松衣裤，洗澡时用毛巾擦浴；当变换体位时，应注意集尿袋的位置一定要低于膀胱水平，以防尿液回流膀胱造成感染；妥善固定膀胱造瘘管，并保持管道引流通畅，避免扭结或滑脱，注意防止用力向外牵拉管道，以免脱出；高血压患者需正确服用降压药，注意当体位改变时，动作不宜过快过大，以免引起头晕不适；糖尿病患者应注意按时按量服用降糖药，外出活动时应注意防止低血糖发生。

参考文献

[1]李贵忠,满立波,周宁,等.B型超声引导下耻骨上膀胱穿刺造瘘术的临床价值[J].现代泌尿外科杂志,2013,18(3):289-291.

[2]刘大为,王梦琦,朱国光.膀胱造瘘手术术式的疗效分析[J].中国医药指南,2018,16(18):297-298.

[3]梁百桂.自我管理教育对永久性耻骨上膀胱造瘘患者生活质量的影响[J].中国老年学杂志,2013,33(10):2433-2434.

[4]石建美.健康教育在膀胱造瘘家庭护理中的应用[J].临床护理杂志,2012,11(6):72-74.

18 肾造瘘管

泌尿外科最常见的管道是导尿管，而肾造瘘管是何物？估计很多人就不知道了，那么请接着往下看。

问题1：何为经皮肾穿刺造瘘术？

“经皮”从字面上理解，大概是指经过皮肤。没错，经皮肾穿刺造瘘术就是指在影像学检查的辅助下在皮肤上定位开个口子，将管子置入肾盂内进行引流的手术技术。这根管子叫作肾造瘘管。

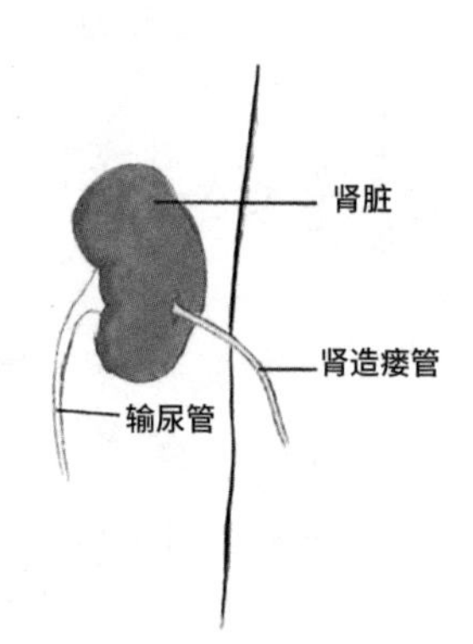

问题2：哪些患者需要做经皮肾穿刺造瘘术？

（1）输尿管因某种原因梗阻（如有损伤或者结核等）。

（2）患者的身体状况不允许使用其他方法解除梗阻。

（3）肾积脓、全身情况不允许做肾切除手术者，或有其他原因必须保留病肾患者。

（4）膀胱癌晚期，两侧输尿管堵塞患者。

（5）肾结石取石术后患者。

问题3：何时拔除肾造瘘管？

肾造瘘管的留置分为短期带管和长期带管两种情况。若在经皮肾镜术后患者需短期带管，拔管时间为术后5~7天；长期带管者则需定期更换肾造瘘管。

问题4：肾造瘘管与肾周引流管有什么区别？

肾周引流管是指在肾盂手术后放置于手术创口，以引流肾周围的渗血、渗液，达到预防感染、观察有无漏尿目的的管道。通常带管48小时后可拔除。

问题5：带肾造瘘管的患者能正常活动吗？

（1）如果是短期带管，如经皮肾镜术后，需要根据患者病情，以及引流液颜色、性状、量等情况来定。

（2）如果需要长期带管回家，则需根据患者恢复的情况，逐步增加活动量，但不可剧烈运动，应避免导致肾造瘘管脱出的活动，如下蹲、屈髋、剧烈咳嗽、打喷嚏等增加腹压的动作。

问题6：长期留置肾造瘘管该如何护理？

（1）首先患者应该克服心理不良因素。有些患者总是觉得身上留着一个管子，不好意思出门，怕别人笑话，需要家属的及时鼓励及陪伴。

（2）一定要妥善固定好管道，避免管道打折、扭曲、脱落，尤其是患者在床上需要翻身的时候，一定要预留一定的长度，以便活动。

（3）患者应注意观察并记录好引流袋内的液体量，如果遇到引流液特别少、出血、发热等情况要及时去医院复诊。

（4）患者衣着应稍宽松一些，以利于管道引流，引流袋的高度应该低于造瘘口，以免引起尿液反流、引起逆行感染。

（5）肾造瘘口的敷料应该保持干燥，如有渗液浸湿或血性、脓性分泌物黏附，患者应及时去医院换药。

（6）应在病情允许的情况下鼓励患者多饮水，每日饮水量2 000~3 000 mL，以冲洗尿路、预防尿路感染。

（7）定期随诊，肾造瘘管更换的时间视材质及病情等情况根据医嘱而定。

（8）当病情发生变化时，患者应及时去医院。

问题7：肾造瘘管引流出来的液体是什么？

在一般情况下，肾造瘘管引流出来的液体为尿液，但对于肾积脓患者来说，安置的肾造瘘管引流出的液体则为脓液。

问题8：出现哪些情况时患者需要及时到医院就医？

（1）出血。

（2）高热不退。

（3）管道滑脱。

（4）管道阻塞。

（5）造瘘口周围渗血、渗液。

参考文献

[1]王晓东,张晶.肾造瘘术的应用范围及护理[J].黑龙江医学,2006,30(1):72.
[2]裴艳飞,丁华,向晶,等.留置肾造瘘管患者居家置管护理现状调查研究[J].中国妇幼健康研究,2017,28(S2):307.
[3]郭志坤，殷国田.泌尿系统病学词典[M].郑州:河南科

学技术出版社,2007.
[4]尹杰.肾结石开放取石术后肾造瘘管的护理[J].现代医药卫生,2011,27(14):2205-2206.

19 导尿管

如果有人问：导尿管是什么？可能有人会回答，这算什么问题，不就是引流尿液的吗？是！这是大家对导尿管最基本的了解，但小小一根导尿管也有大学问。下面就带大家了解一下导尿管相关知识。

问题1：哪些患者需要安置导尿管？

安置导尿管是将无菌导尿管由患者的尿道口插入膀胱的过

程。留置导尿是便于持续或随机将无菌导尿管保留在膀胱内引流尿液的方法。以下住院患者需要安置/留置导尿管：

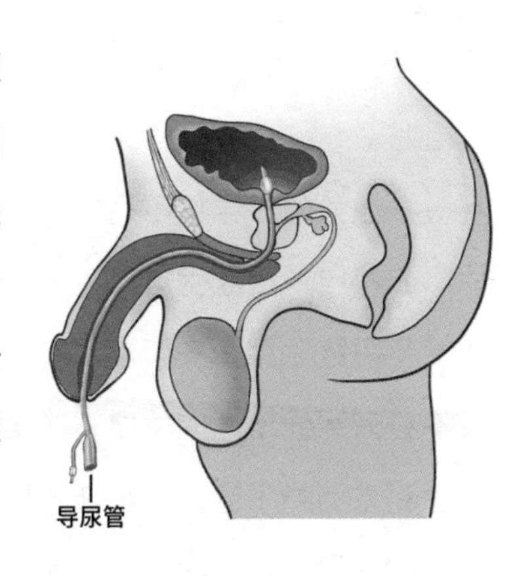

（1）急危重症患者。安置导尿管后，我们就可以从尿液颜色、尿量判断患者病情，以及输液量是否足够等。

（2）部分手术患者。某些盆腔手术如剖宫产手术等，安导尿管可以排空膀胱，使膀胱变小，以避免术中受伤。泌尿外科患者手术后留置导尿管，便于尿液引流、减轻手术切口的张力，促进切口愈合，其中，前列腺手术后留置导尿管可起到压迫止血及膀胱冲洗目的。接受时间较长的全身麻醉患者，容易发生尿潴留，也需要安置导尿管。

（3）尿失禁患者。对于昏迷的尿失禁患者，需要留置导尿管引流尿液，以保持会阴部清洁、干燥；对于非昏迷的尿失禁患者，留置导尿管需要进行膀胱功能训练。

问题2：听说安置导尿管很疼，有没有什么办法减轻疼痛？

安置导尿管多多少少会带来一些不适感，疼痛程度因人而异。由于女性尿道较男性尿道短、直，且管腔较宽；男性尿道全长粗细不一致，有3个狭窄、3个膨大和2个弯曲的生理结构。故安置导尿管时，男性不适感较女性不适感更强烈，可能有自觉尿意或者自觉排尿困难等不适症状。对此不用太担心，外科手术患者留置导尿管一般都是在麻醉后进行操作的，所以患者一般不会有明显不适的感觉；在全身麻醉苏醒后，有些人会因导尿管刺激稍感不适。目前在导尿前会用利多卡因或达克罗宁胶浆涂抹在导尿管表面，从而最大限度地减少对尿道的刺激，避免疼痛不适。

问题3：导尿管留置患者的日常护理要点有哪些?

（1）勤消毒。保持尿道口清洁。女性患者用消毒棉球擦拭外阴及尿道口，男性患者用消毒棉球擦拭尿道口、龟头及包皮，每日2次。

（2）勤观察。保持导尿管引流通畅，尿液经导尿管引流至集尿袋全过程需避免扭曲、打折；观察、记录集尿袋内的小便量、颜色、性状等，发现尿液异常需及时告知医护人员。

（3）及时放出集尿袋内的尿液。须将集尿袋放置于腰部以下，避免挤压，造成尿液反流。应使用个人专用收集容器，及时清空集尿袋中尿液。清空集尿袋中尿液时，需遵循无菌操作原则，避免集尿袋的出口触碰到收集容器。

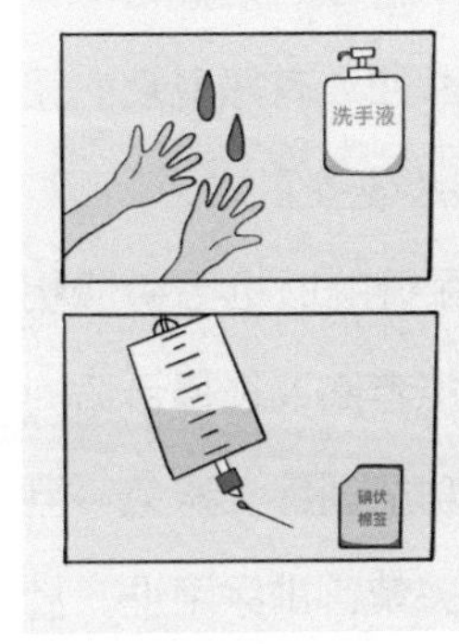

（4）饮食注意事项。每日饮用不少于1.5 L清水或饮品（每3~4小时饮用200~400 mL）；忌食刺激性食物，多食粗纤维丰富的蔬菜、水果。

（5）活动注意事项。为防止停留在膀胱内的球囊牵拉损伤尿道，或导尿管意外脱出，医护人员会用一个固定装置固定导尿管。所以，安置导尿管的患者在病情许可情况下可以下床活动，但应穿着宽松衣物。当活动或转换体位时，应留意导尿管是否被拉扯。保留导尿管基本上不影响日常生活和工作，患者可根据自己的体力及病情状况量力恢复正常工作、进行适当活动。如散步、打太极拳等，但不要做动作幅度过大的运动，以防导尿管脱落。

（6）如出现以下情况，须立即通知医护人员紧急处置。

①2小时内没有小便流出。②腹部胀痛加剧或尿道口刺痛。③有感染症状：持续发热、震颤、腰痛，小便浑浊，有恶臭及血尿等。④导尿管破损或脱落。⑤尿道口持续渗液或渗血。

（7）拔除导尿管时机。拔除留置导尿管的时机因病情状况而有很大差异。由医生先做评估，并与患者商议选择合适的拔管时机。部分患者在拔管前需进行膀胱功能训练，避免一旦拔除导尿管，因膀胱充盈缺如，而引发尿失禁、排尿困难，甚至再次发生尿潴留等情况。拔管后1~2周，患者需多饮水、勤排尿。

（8）膀胱功能训练。即盆底肌训练法，具体做法为主动收缩肛门，每次收缩持续10秒，重复10次，每天3~5组。注意：每次收缩维持10秒，重复做10次为1组。在训练过程中，患者应缓慢地吸气和呼气，身体保持放松、不要憋气。

20 血浆引流管

问题1：外科手术都要安置血浆引流管吗？留置血浆引流管是不是表示病情很严重？

在外科手术中，血浆引流管极为重要也极为常见，通常是放置在脏器吻合处或组织切除后的局部空腔处。其主要目的是引流渗液、残余组织液或脓液，同时通过引流液观察有无吻合出血和渗漏。因此，安置血浆引流管并不一定表示患者病情很严重。

安置血浆引流管的手术种类较多。如：乳腺癌术后会常规安置血浆引流管，以排出积液和积血，促进皮瓣与胸壁及腋窝组织的黏附，有利于术后皮瓣的修复与愈合；在阑尾切除术后当局部有脓肿或阑尾残端包埋不满意处理困难时，常需安置血浆引流管，其目的在于引流脓液，若有肠瘘形成，肠内容物可从血浆引流管流出。

血浆引流管置入体内的深度与手术的方式有关系，不同手

术，其置入深度不一样。一般来说，在皮肤处通常有缝线固定，在血浆引流管的末端接有引流袋或者引流瓶。

问题2：为什么有的患者血浆引流管里引流液的颜色和其他人的不一样？

血浆引流管主要引流的是渗液、残余组织或者脓液，因此引流液的颜色并不完全一致，有的偏深，有的偏浅，和具体的疾病以及手术方式有关系。

正常引流液通常为淡红色，后期为黄色清亮液，每天的引流量小于100 mL。若每小时引流量大于50 mL，持续3小时且呈鲜红色，或血浆引流管引流液呈胆汁色，或颜色浑浊，均视为异常，应立即联系医生处理。

肝移植术后若血浆引流管出现胆汁色引流液，提示有胆瘘，要及时通知医生处理。

问题3：带管期间需要注意哪些问题？

（1）妥善固定血浆引流管，以防脱落。血浆引流管一般采用双重固定的方式，同时，应该用消毒后的别针或者医用胶布将其固定在床单上，其位置低于血浆引流管出口，垂直距离为10~15 cm。当患者平卧时，引流袋或者引流瓶悬挂于床旁，并低于床档。下地行走时，引流瓶或者引流袋固定在低于血浆引流管出口的位置，避免引流液倒流，造成逆行感染。当患者侧卧时，注意身体不要压迫血浆引流管，以防引流不畅。当患者半卧位或者下床行走时，切勿牵拉血浆引流管，注意动作幅度不宜过大，以免造成血浆引流管张力过大，进而造成疼痛或血浆引流管脱落。对于神志清楚的患者，要及时进行预防管道脱落知识的宣教；对于神志不清或者神志清楚但不配合的患者，可以适当约束。

（2）及时观察和记录引流液的量和颜色。如果1小时的引流量＞150 mL，或者2小时＞200 mL，提示可能有活动性出血。如果手术当天短时间内有鲜红色血液300~500 mL流出，且伴有脉速、血压下降、面色苍白等，要考虑可能有出血倾向、休克等危急情况发生，要及时通知医护人员。如果引流液出现浑浊或者有沉淀，提示可能发生感染，要及时报告医护人员，并给予及时处理。

（3）保持血浆引流管在位通畅。当卧床休息时，需将血浆引流管妥善固定在床旁，防止受压、打折，如果发生了引流不畅，要及时通知医护人员进行处理。患者在起床活动的时候，也要把引流管整理妥当并妥善固定，切忌剧烈活动、突然频繁改变体位牵扯血浆引流管。若引流袋或者引流瓶里未见引流液，而伤口敷料处有渗血、渗液，且持续渗出，要警惕血浆引流管堵塞或者脱出。

（4）密切观察血浆引流管附近的伤口情况，包括观察有没有渗液和渗血、伤口局部有没有异常等，如果伤口有渗液和渗血，要及时告知医生，给予消毒等处理；若伤口局部有红、肿、热、痛等炎症反应时，要及时告知医生，由医生给予对症处理。

总之，在带管期间，看护者或患者要勤观察，保持血浆引流管通畅，防止血浆引流管出现打折、扭曲、受压等情况，有异常及时通知医护人员。

问题4：如何预防意外拔管？

意外拔管是指无拔管指征的患者发生了管道意外脱出。一般来说，这种情况是可以避免预防发生，方法如下：

（1）在医护人员的指导下，加深对血浆引流管重要性的认识，对血浆引流管的自我护理的了解，学习正确固定血浆引流管的方法，是避免意外拔管的首要措施。

（2）血浆引流管的出口位置应加强固定，并留够外露长度（以患者翻身时，管道无扭曲、受压、折叠和牵拉为宜）。患者下床行走时，引流管固定位置应适当，同时不要剧烈活动牵扯引流管，不要突然频繁改变体位，防止管道脱落。若引流袋或者引流瓶里未见引流液，而伤口敷料处有渗血、渗液，且持续渗出时，要警惕血浆引流管堵塞或者脱出。遇到这些情况，都需要及时告知医护人员进行处理。

（3）神志不清或者神志清楚但是不配合的患者，在家属签字同意的情况下，可予以适当约束。

问题5：管道突然脱出了怎么办？

（1）如果患者在医院住院期间管道突然脱出，切勿惊慌，维持原地休息，紧急呼叫医护人员，按照规范要求进行处理。

（2）如果患者在家里发生意外拔管，勿惊慌，保持冷静，用无菌纱布或者其他干净的布料按压住伤口，并在家属陪同下立即就医，医生会根据伤口恢复情况评估是否重新置管。

问题6：拔管后需要注意哪些问题？

一般来说，医生会根据伤口恢复情况、引流液的量和颜色等选择拔管的时机，可以拔管也表明患者在逐渐康复。

（1）拔管后要注意保持伤口清洁、干燥，不要打湿伤口，不要剧烈运动牵扯伤口等。当伤口附近出现红、肿、热、痛等炎症反应时，要及时联系医护人员。在拔管后，如果伤口处敷料有渗血、渗液，要及时联系医生更换敷料。

（2）观察体温变化，如果体温有不同程度的升高，血中白细胞计数出现异常，提示有感染的可能，要及时告知医护人员，进行对症处理。

（3）要均衡营养，保持良好的睡眠，增强抵抗力，促进身体恢复。

（4）要按照医生的要求按时到医院复查伤口情况。

问题7：为什么有的患者在医院就可以拔管，而有的患者需要带管出院过段时间才拔管？

在一般情况下，预防性的血浆引流管在48~72小时拔除。如果为防止吻合口破裂后消化液漏入腹腔则在术后4~6天拔除。而引流腹膜炎所致脓液的血浆引流管，拔除时间由流出物的具体情况决定。放在脓肿脓腔内引流脓液的血浆引流管应逐渐拔除，以免形成口小腔大的残腔。在阑尾炎手术中留置的血浆引流管一般在术后7天左右拔除。

所以，在患者全身情况好转后，医生可能会建议患者带管出院，如部分阑尾炎术后患者。

问题8：带管出院后需注意什么？

如果患者经过医生评估，可以带管出院，请注意以下事项。

（1）妥善固定引流管和引流袋，保持管道通畅，防止过度牵拉、压迫、折叠扭曲，造成意外脱管。患者卧床休息时，用别针将引流管外露部分固定在床单上合适的位置，便于患者床上翻身活动。当患者改变体位后，需要重新调整血浆引流管的固定位置（调整前可先夹闭引流管）。当患者下床活动时，需事先用别针将血浆引流管固定在其随身衣物上，注意引流袋应低于伤口平面且垂直悬挂；离床期间，注意避免剧烈活动、频繁变换活动方式。居家期间，若引流管突然脱落，应立即用纱布遮盖引流管出口位置并用胶布加压固定避免纱布滑落，同时尽快护送患者到医院做进一步处置。

（2）饮食要营养均衡，不挑食不偏食，保证营养物质的摄入，以促进伤口的恢复。

（3）每天定时记录引流液

的量和颜色。随着时间的推移，引流液会越来越少，越来越淡，如果出现颜色突然加深、引流量突然增加或出现脓栓等情况，要及时就医。

（4）指导患者尽量多休息，不可过度劳累，不可剧烈活动。

（5）按照医生的要求，及时到医院复查。

（范萍）

参考文献

[1]李乐之,路潜.外科护理学[M].6版.北京:人民卫生出版社,2017.

[2]丘宇茹,王吉文,莫红平,等.临床管道固定护理质量评价指标体系的构建研究[J].护理管理杂志,2020,20(11):813-817.

[3]沙薇薇,皮红英,金妮.管道护理改进措施在老年病房失能老年病人多管道安全管理中的应用[J].护理研究,2022,36(22):4082-4084.

21 静脉留置针与一次性使用静脉输液针

问题1：什么是静脉留置针？什么是一次性使用静脉输液针？

静脉留置针又称静脉套管针，其核心的组成部件包括可以留置在血管内的柔软导管,以及不锈钢的穿刺引导针芯。在使用时，将导管和针芯一起穿刺入血管内，在导管全部进入血管后回撤出针芯，仅将柔软的导管留置在血管内从而进行输液治疗。一次性使用静脉输液针即“钢针”，只适合短期使用、单次使用，故通常用于抽血及一次性静脉输液治疗。

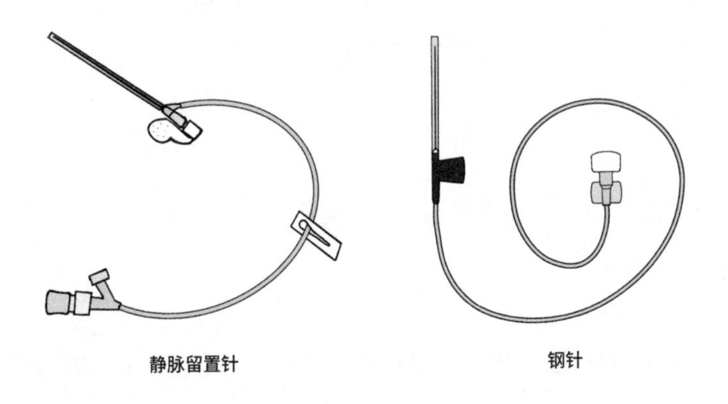

静脉留置针　　　　钢针

问题2：哪些情况不能选择钢针输液？

连续多日、多次输液不建议使用钢针；输注腐蚀性药物如血管活性药、高渗药物、化疗药物、血管刺激性药物时，若钢针刺破血管导致药物外渗可能引起严重并发症，故也不建议使用钢针。

问题3：哪些时候需要使用静脉留置针？它有什么优势？

（1）需要连续多日、每日多次静脉输液治疗，或在手术期间，以及需做某些检查如增强CT、磁共振时，建议使用静脉留置针（耐高压型）。

（2）静脉留置针的优势。包括：①容易穿刺成功，可减少血管穿刺次数，保护血管；②减少液体外渗及产生的治疗成本，减轻痛苦；③固定良好，不易脱出血管，患者感觉更舒适；④静脉留置针有许多不同结构的产品及型号，可按患者需求选择，便于临床使用。

问题4：不同颜色的静脉留置针、钢针针柄有什么区别？

不同的颜色代表穿刺导管不同的型号（见表1），即导管

的长短、粗细。型号的数字越大代表静脉留置针规格及流速越小。我们在满足输液需要的同时，尽量选择最短最细的导管，以提高穿刺成功率、减轻反复静脉穿刺造成的痛苦。

表1 不同型号静脉留置针规格参考

型号	颜色	规格/mm	流速/（mL·min^{-1}）	适用范围
18G	深绿色	1.31×29.00	85	快速/大剂量输液/常规手术/输血
20G	粉红色	1.10×29.00	48	常规手术/输血/常规成人输液
22G	深蓝色	0.90×25.00	33	常规成人/小儿输液，小而脆静脉输液
24G	黄色	0.72×19.00	19	小而脆静脉、常规小儿静脉输液
26G	紫色	0.60×15.00	15	小而脆静脉、常规小儿静脉输液

问题5：静脉留置针可以留置多久？什么时候需要更换？

（1）留置时间。一般来说，外周静脉留置针应72~96小时更换一次。具体留置时间可由临床护士根据留置期间有无异常情况来决定。

（2）需要更换的情况。①在输注对血管有刺激性的药物如造影剂、术中使用麻醉药物后宜进行更换；②当出现全身性并发症等临床症状和（或）体征（例如血流感染）时需更换；③当出现静脉炎等并发症时应立即拔除留置针，更换新的部位重新置管。

问题6：使用静脉留置针期间患者需要注意什么？

（1）保持穿刺部位清洁、干燥，切勿弄湿敷贴，以防止污染和脱落；穿刺处有渗液、渗血、出汗较多时，应及时告诉主管护士进行敷贴更换。

（2）安置留置针的手或脚可以轻微活动，但避免过度活动和用力；睡觉时，注意不要压迫穿刺部位。

（3）婴幼儿有留置针的肢体要减少拍打，避免过久站立或爬行。

（4）穿脱衣裤时，先穿留置针侧肢体、先脱无留置针侧肢体。

（5）在治疗结束后可轻轻按摩四肢末梢血管，轻搓手背、足背，以促进静脉血液回流。

（6）如果静脉留置针导管意外滑脱，穿刺点出现渗血，不要慌张，先用干净、清洁的物品按压出血点，随后马上联系护士进行处理。

（7）拔除静脉留置针后按压穿刺点3~5分直至无出血，针眼24小时内不可沾水，以免造成感染。

问题7：静脉留置针为什么会发生堵塞？

（1）药物性堵管。①在输注两种高刺激性、高浓度及黏稠药物之间未用生理盐水进行冲管。②药物之间可能存在配伍禁忌，两种药物在输液管内发生反应形成结晶堵塞静脉留置针。③化疗药分子颗粒大，很容易黏附在管内导致堵塞。④输注高营养溶液时，如高渗性葡萄糖、氨基酸、白蛋白、脂肪乳剂等液体时，因为其分子颗粒大、黏稠，很容易黏附在导管腔内发生堵塞。

（2）压迫性堵管。由于患者处于卧位或坐姿不当，而引起留置导管受挤压而变形，使血流速度变慢或停滞、局部凝血酶聚集、纤维蛋白活性降低，引起堵塞。

（3）封管方法不当。封管液注入速度过快，因负压作用、造成血液反流，进而堵塞静脉留置针；封管液的剂量不准确，造成血液凝固而堵塞导管，或管腔内存留药液堆积管壁造成堵管。

问题8：静脉留置针发生堵塞时如何处理？

（1）心理护理。由于静脉留置针要长时间留置在血管里，患者对静脉留置针的知识相对缺乏，难免会产生紧张、恐惧等情绪，护士在穿刺前应向患者详细地讲解静脉留置针应用的意义、方法，以及常见并发症及预防措施等，同时叮嘱患者置管的手臂不要过度用力，在置管期间要保持穿刺部位的干燥、清洁，睡眠时注意不要压迫穿刺的血管。

（2）操作要熟练。护士要根据患者的病情和年龄来选择四肢浅表静脉、头皮静脉、颈外静脉、腋下静脉等置入静脉留置针。穿刺时，要选择相对粗直、有弹性、血流丰富且易于固定的血管，不要选择靠近神经、韧带、关节，以及硬化、受伤、感染的血管。穿刺时最好选择上肢血管，因下肢静脉受体位和重力影响，容易发生静脉留置针堵塞。进针时速度要慢，最好要直接刺入血管，避免因为进针速度过快过猛，刺破血管造成穿刺失败。

（3）药物性堵管对策。①对于有配伍禁忌的药物，在输注两种药物之间要输注生理盐水进行冲管，在输注完毕后还要用生理盐水进行快速冲管，以确保静脉留置针的畅通。②输液时要先输注高渗液或刺激性强的药物，再输注等渗液或刺激性弱的药物；在输注浓度较高、刺激性较强的药物时，要做到充分稀释。③要根据药物的性质及输液量来调节输液速度，对于刺激性强的药物或输液量较大时，输注速度要慢，以减少药物对血管壁的刺激以及输液对血管壁的侧压力。④在每次输液前后，护士都要仔细检查穿刺部位及静脉走行方向有无红肿，若发现异常情况，要马上告知医生并做好相应护理措施。

（4）采用正确的封管方法。根据患者情况选择适宜的封管液、合适的封管方法，这些与静脉留置针的留置时间密切相关。

问题9：什么是静脉炎？如何预防及处理静脉炎？

静脉炎是静脉留置针最为多见的并发症，可分为化学性静脉炎、机械性静脉炎、细菌性静脉炎等。其临床表现：首先出现穿刺局部不适或轻微疼痛，进而局部组织发红、肿胀、灼热，并沿静脉走向出现条索状红线，可触及条索状硬结。美国静脉输液护理学会（INS）于2011年修订的静脉炎分级标准见表2。

表2 INS静脉炎分级标准（2011年）

级别	症状
0级	没有症状
1级	输液部位发红，有或不伴疼痛
2级	输液部位疼痛，伴有发红和（或）水肿
3级	输液部位疼痛伴发红和（或）水肿，条索物形成，可触摸到条索状静脉
4级	输液部位疼痛伴有发红和（或）水肿，条索样物形成，可触摸到条索状的静脉，长度＞2.5 cm，有脓液渗出

静脉炎的预防措施包括：

（1）在留置针使用期间固定导管或限制附近关节活动，以减少导管在穿刺部位的移动。

（2）输注刺激性较强的药物如钾离子、氨基酸类、扩血管药等，需要选择粗大的血管且输注缓慢。其他情况必要时或在输注化疗药期间需要安置中心血管通路装置，如中心静脉导管（central venous catheter，CVC）、外周中心静脉导管（peripherally inserted central venous catheter，PICC）、完全植入式静脉输液港（简称输液港）等，以减少对局部血管的刺激。

发生静脉炎的处理措施包括：

（1）抬高输液侧肢体，促进静脉回流。注意不要按压炎症部位，避免栓子脱落而造成栓塞。

（2）遵医嘱用药处理。如用硫酸镁湿敷促进炎症吸收，用喜辽妥软膏抗炎、减轻水肿、缓解疼痛等。

（3）采用较薄的土豆片外敷。土豆片主要成分有蛋白质、糖、淀粉、维生素C、茄碱（又称龙葵素）等，具有缓解疼痛、减少渗出的作用。

（4）冷敷法。冷敷可使血管收缩，减少药物吸收，可促进某些药物局部的灭活，从而改善症状。

（5）加强营养。以高蛋白、高能量的食物为主，如肉、蛋、奶等，增强机体对血管壁创伤的修复能力和对局部炎症的抵抗能力。

22 外周中心静脉导管

问题1：什么是外周中心静脉导管？

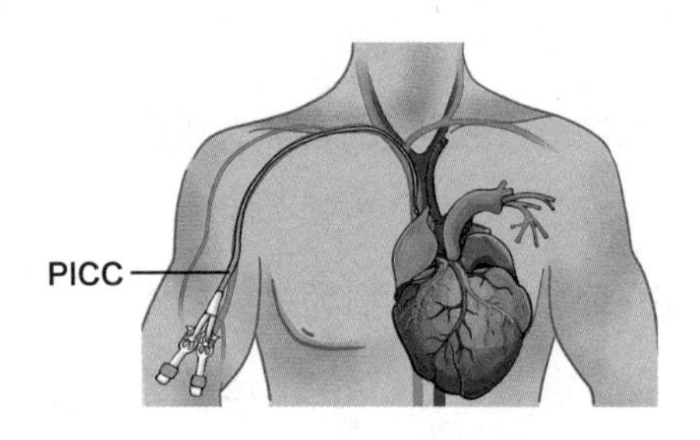

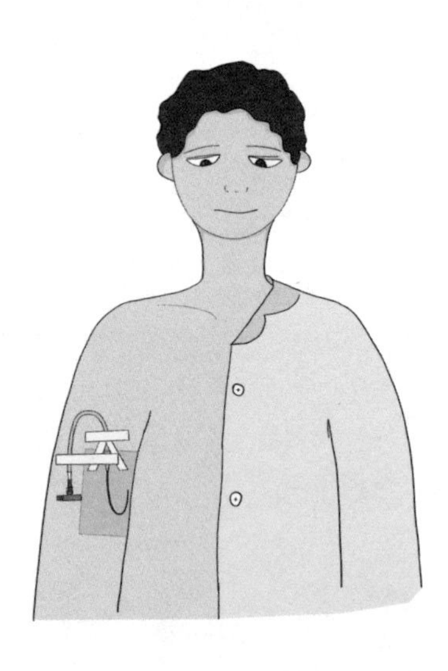

外周中心静脉导管（PICC）是一条纤细柔软的导管，从人的上肢肘部或上臂穿刺置入。它漂浮在血管中，尖端可以到达上腔静脉靠近右心房附近。在这个部位血流的速度相当快，每分钟能达到2000 mL。在这么快的流速下，药物进入到血液会被很快稀释，从而减少对血管的损伤。

安置PICC，相当于为患者搭建了一条直接通向心脏位置的人造血管通路。当需要输入刺激性或发疱性的药物时，它可以替患者自身的血管抵挡刺激性或发疱性药物带来的刺激和损伤。

问题2：借助外周中心静脉导管能完成哪些治疗？

适用于中长期静脉治疗，PICC可用于任何性质的药物输注，但不用于高压注射泵注射造影剂和血流动力学监测（耐高压导管除外）。

问题3：外周中心静脉导管可保留多长时间？

PICC可以留置7天至1年，具体需要根据患者病情需要和导管日常维护的情况而定。

问题4：外周中心静脉导管置入当天患者能正常活动吗？

刚置完管的2~3小时不建议活动，也就是需要制动。置管侧手臂尽量保持自然下垂，不可用力。在3小时后，建议做一些简单的手指运动，以促进血液循环，避免胳膊发麻。在24小时后需要每天有规律地活动置管侧手臂。

正确的活动方式为：每天200~300次（一收一放为一次）握

拳运动，或握弹力球、握两个核桃在手中转动等，每次停留2秒。

问题5：外周中心静脉导管留置期间患者需要注意什么？

（1）每日观察（必做功课）。①穿刺点周围有无红、肿、热、痛；②置管侧手臂有无肿胀；③敷料是否保持干燥；④穿刺口有无渗血或出血；⑤导管出口处有无漏液；⑥导管内有无回血。

（2）带管期间不可盆浴及游泳，可以擦身、淋浴，需注意水不可以进入敷贴内，以免造成穿刺局部感染。淋浴时的保护方法：可使用专用保护装置；也可用保鲜膜在导管处绕2~3圈，并用胶布封闭上下边缘，然后用干毛巾包裹，毛巾外再用保鲜膜绕2~3圈。

（3）患者每七天需和PICC门诊有个“约会”，由PICC门诊护士帮助完成必要的维护工作，包括测臂围、局部消毒、更换透明敷料和输液接头、冲洗导管等。除了上面这些常规维护外，若出现导致PICC“折寿”的大事儿（导管堵塞，置管局部感染，置管侧肢体水肿、感染等），PICC门诊护士会帮患者及时处理。

当出现以下情况，患者一定要及时到PICC门诊就诊，就诊时记得带上维护本：①穿刺点周围红、肿、热、痛、有脓性分泌物，体温＞38℃；②置管侧颈部、肩部或手臂肿胀，贴膜污染或松脱；③穿刺点渗血、渗液且按压无效；④导管内回血或导管体外部分的长度明显增加；⑤输液接头变松或脱落；⑥导管断裂或破损（感觉胸闷或气短），请立即将导管外露部分折叠并用胶布缠绕固定妥当（目的是避免外界的空气进入导管内），随后尽快赶往PICC门诊。

问题6：留置外周中心静脉导管的患者日常生活中的注意事项有哪些？

（1）在日常活动方面，置管侧手臂不可背、抬、拎重物；不可背包、抱小孩、拖地、拄拐杖、用力抓握；不可游泳、打球、做引体向上、举哑铃、手臂用力旋转等；置管侧手臂不可以测血压、不可扎止血带。

（2）在穿衣、睡觉方面，不可穿着袖子过紧的上衣，不可向置管侧手臂侧卧。

（3）在饮食营养方面，保证每天1600~2000 mL的饮水量，注意饮食营养和卫生，保证食材丰富、口味清淡，避免进食辛辣等刺激性食物。

问题7：外周中心静脉导管发生堵管，拔还是不拔？临床上常见的堵管类型有哪些？

首先需评估是完全性堵管还是部分性堵管。当发生部分性堵管时，护士在抽回血时抽不出来，此时可以进行溶栓处理；当发生完全性堵管时，要看溶栓处理后的效果，如果栓子溶不开则建议拔管。

临床上常见的堵管类型及原因：

（1）血栓性堵管。患者处于高凝状态、胸腔压力大、血容量低、运动量不够所致；也可见于PICC管道维护中，操作人员在抽回血后进行冲、封管时，未能把全部血细胞冲进血液内，导致导管内有血液残留；

（2）药物性堵管。两种药物之间存在配伍禁忌，若在使用肝素封管后，次日未把存留在导管内的肝素液回抽出来，导致肝素与其他药物产生配伍禁忌。

（3）机械性堵管。患者长时间侧卧（尤其是向置管侧侧卧），导致管道受压而堵管。

23 中心静脉导管

问题1：什么是中心静脉导管？

中心静脉导管（CVC）是指经颈内静脉、锁骨下静脉、股静脉等大静脉穿刺置入，其尖端位于上腔静脉或下腔静脉近右心房处的导管。

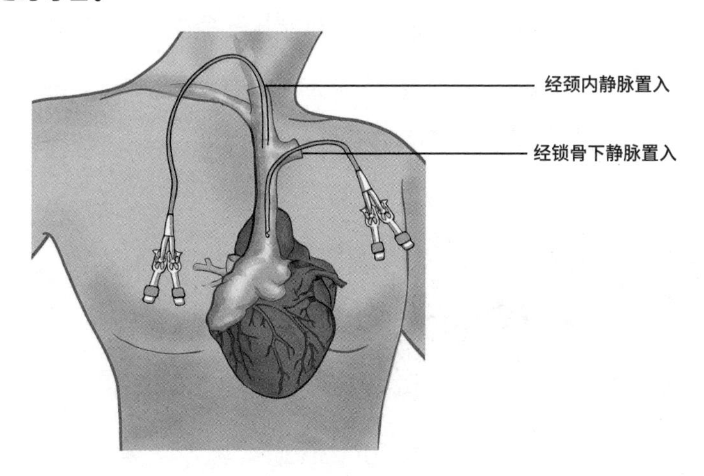

问题2：中心静脉导管可以保留多长时间？

一般情况下为2~4周。

问题3：中心静脉导管可以完成哪些治疗？

CVC是临床上抢救危重患者的重要通道，广泛用于输液、输血、药物治疗、肠道外营养、中心静脉压等血流动力学监测、持续性血液滤过和心血管疾病的体外循环下外科手术、介入治疗等。

问题4：中心静脉导管留置期间患者需要注意什么？

一般1周更换敷贴1~2次，如有穿刺点渗液、渗血以及敷贴卷边等情况应随时更换；导管外露对生活有一定的影响，故患者在出院前需要拔管，不能带CVC回家。

24 输液港

问题1：什么是输液港？在什么情况下需要使用输液港？

输液港（port）是一种可植入皮下、长期留置于体内的输液

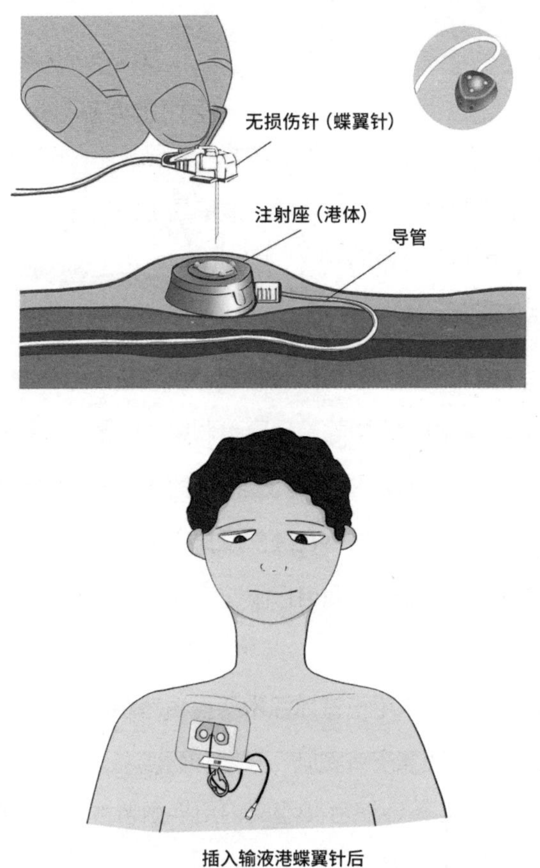

插入输液港蝶翼针后

装置，主要由注射座（也称为港体）和导管两部分组成。

以下情况需要使用输液港：

（1）需输注高浓度化疗药。

（2）需长期或重复静脉输注药物。

（3）需要输入腐蚀性药物或完全肠外营养液（TPN）。

（4）其他静脉治疗：输血、血样采集等。

问题2：上臂输液港和胸壁输液港有什么区别？

对于幽闭综合征患者、呼吸功能不全无法平卧的患者、胸壁皮肤条件不佳的患者来说，上臂输液港是更好的选择；而对于上臂长度较短和周径过粗的患者，则应慎重选择上臂输液港，可能会加大手术难度及使用过程中的穿刺难度。

上臂输液港的港体埋置于上臂内侧，伤疤及港体隐蔽性更好，短袖即可遮盖，不影响患者穿着领口大的服装，更能满足患者的隐私保护和美观需求。经胸壁静脉留置输液港的患者在活动颈部时有牵扯感，这与导管在颈部反折有关，加之患者在翻身、睡觉时担心牵扯置管部位而自行限制活动。

问题3：在使用输液港期间患者需要注意什么？

（1）在置入输液港后48小时内更换敷料，观察局部出血情况，有渗血应及时更换。

（2）伤口愈合一般在输液港置入后10~14天，这之前需保护穿刺部位避免沾水；平时注意不要重力撞击输液港置入部位，避免输液港破损；避免植入输液港一侧的手臂提过重的物品，或进行引体向上、托举哑铃等体育锻炼。

（3）当使用输液港输液时，必须使用配套的蝶翼针（又称无损伤针/Huber安全穿刺针）。蝶翼针每次使用不超过7天。

（4）如果其间需要做增强CT检查，在经输液港注射造影剂时，一定要让医护人员事先评估置入的输液港和蝶翼针是否可以耐高压，否则不能注射造影剂，因为有导管破裂的可能。

（5）患者做磁共振检查前必须拔除蝶翼针，因带有金属输液港不能做磁共振检查。

（6）避免出现剧烈呕吐、频繁咳嗽造成导管移位、脱出等。

问题4：输液港为什么要搭配蝶翼针？普通针头行不行？

蝶翼针的特点在于在距针尖约 0.5 cm 处有一折返点，能够避免普通针头的“成芯作用”。蝶翼针的尖端在穿刺中不会削切港体的穿刺隔膜，能有效防止穿刺隔膜损伤漏液，以及切削下来的微粒堵塞导管和血管的情况发生。如果用普通针头穿刺输液港会损伤穿刺隔膜，破坏了穿刺隔膜的密闭性，从而增加药物外渗的风险。此外，蝶翼针和港体有耐高压型和普通型，与PICC类似，如果需要进行高压造影检查，则需要使用耐高压型蝶翼针和耐高压型的港体。

问题5：如何日常维护输液港？

在治疗间歇期，建议每4周维护1次（不超过28天）。包括：到正规医院进行输液港的冲管、封管护理，每3~6个月复查一次胸部X线片等。

问题6：输液港可能会出现哪些异常情况？如何处理？

（1）输液港相关性感染。发生率为3%~10%。感染主要发生在输液港置入时，感染部位通常位于输液港囊袋、局部皮肤、隧道。患者平时应多留意皮肤周围有无发红、肿胀、灼热感、疼痛等炎性反应，置入输液港侧的肩膀、颈部有无疼痛，是否伴有局部和全身发热。若有上述情况，医生会抽取血液进行血培养并结合临床表现、实验室检查结果制定出最有效的治疗方法。

（2）纤维蛋白鞘形成。一般发生在术后24小时内，多因患者处于高凝状态和血管壁损伤等引起。纤维蛋白鞘形成可导致堵管、药物外渗、血栓形成等严重后果，临床表现为抽回血困难、推注正常或有轻微阻力且在推注过程中患者无任何不适。若有上述情况，医生会在排除溶栓禁忌证后，采取经导管溶栓治疗。

（3）输液港相关血栓形成。多发生在术后30天左右，患者的血栓史、肺栓塞史、血液系统疾病史、癌症类型和阶段、化疗的类型及次数、导管的类型和位置、导管相关感染、血小板计数和凝血因子Ⅴ都是输液港相关血栓形成的因素。临床表现为：置管部位或同侧上肢不适，同侧肩关节疼痛，颜面或颈部肿胀、充血，头痛或头胀等。尤其是有血栓史、肺栓塞史、血液系统疾病史的患者一定要在输液港留置期间增加饮水量，保证每日饮水量1500~2000 mL，以稀释血液。平时应注意增加肢体锻炼，如果置管侧肢体出现酸胀、疼痛，需尽快告知医护人员处置。

（4）药物外渗。其原因有置入输液港侧颈肩部剧烈活动或患者频繁咳嗽导致蝶翼针移位、松脱或未刺入港体底部，以及纤维蛋白鞘形成、导管锁脱落、穿刺隔膜或港体损坏、导管破裂等。若发生化疗药物外渗，应及时检测原因，若为导管破裂，应立即更换导管。

需要注意的是，发生以上情况及导管脱落、断裂、移位等，患者需要立即前往医院处理。

问题7：如何预防输液港导管堵塞？

（1）高血压患者居家测量血压时，应在非置管侧手臂进行测量或采用腕式血压计。同时，嘱患者避免使用置管侧手臂提过重的物品或过度活动，避免出现剧烈咳嗽和呕吐动作。

（2）在给药前后需进行规范的冲管和封管。采用脉冲式冲管，即推一下、停一下，使液体产生正负压、形成涡流，将管壁黏附物质冲洗干净；蝶翼针针头的斜面应背对港体的导管接口，当连续输液时可以更好地清除残留物质。

（3）在治疗间歇期患者每4周进行一次输液港维护，建议到医院进行规范冲管和封管。若已经发生导管堵塞，医生会根据堵塞原因给予不同的处理。

（4）两种药物使用间隔应用生理盐水脉冲式冲管，以避免发生药物沉淀。输注脂肪乳剂应定时使用生理盐水脉冲式冲管。

（5）妥善固定蝶翼针，可在透明敷贴下方垫厚度适宜的无菌开口纱布，以减少针头与皮肤的摩擦，也可避免因为外力作用而导致蝶翼针插入深度改变。

问题8：发生哪些情况时输液港必须尽快取出？

当留置输液港的患者发生导管夹闭综合征、港体渗漏、出现不可控制的导管相关性血流感染时，必须尽快取出输液港。

参考文献

[1]王辰,刘常清,万莉,等.我国静脉治疗的研究进展[J].中华现代护理杂志,2022,28(23):3207-3215.

[2]谌永毅,李旭英.血管通道护理技术[M].北京:人民卫生出版社,2015.

[3]朱建英，钱火红.静脉输液技术与临床实践[M].北京:人民军医出版社,2015.

[4]吴玉芬,陈利芬.静脉输液并发症预防及处理指引[M].

北京:人民卫生出版社,2016.

[5]王影新,刘飞,赵璇,等.乳腺癌化疗患者不同部位植入输液港的对比研究[J].中华护理杂志,2019,54(6):917-921.

[6]吴玉芬,杨巧芳.静脉输液治疗专科护士培训教材[M].北京:人民卫生出版社,2018.

[7]国际血管联盟中国分会,中国老年医学学会周围血管疾病管理分会.输液导管相关静脉血栓形成防治中国专家共识(2020版)[J].中国实用外科杂志,2020,40(4):377-383.

[8]陈莉,罗凤,蔡明.植入式静脉输液港并发症及处理的研究进展[J].中华乳腺病杂志(电子版),2017,11(2):102-105.

[9]中华医学会外科学分会乳腺外科学组.中国乳腺癌中心静脉血管通路临床实践指南(2022版)[J].中国实用外科杂志,2022,42(2):151-158.

[10]中华护理学会静脉输液治疗专业委员会.临床静脉导管维护操作专家共识[J].中华护理杂志,2019,54(9):1334-1342.

[11]赵林芳，胡红杰.静脉输液港的植入与管理[M].北京:人民卫生出版社,2019.

[12]张爱军,张春艳.留置针发生堵塞的原因分析及护理措施[J].中国医药指南,2014,12(36):280-281.